中华人民共和国水利部

水利工程概预算
补充定额

（掘进机施工隧洞工程）

黄河水利出版社

图书在版编目(CIP)数据

水利工程概预算补充定额.掘进机施工隧洞工程/水
利部水利建设经济定额站,中水北方勘测设计研究有限
责任公司主编. —郑州:黄河水利出版社,2007.6
ISBN 978 – 7 – 80734 – 217 – 5

Ⅰ.水… Ⅱ.①水…②中… Ⅲ.①水利工程 – 概算
定额 – 中国②水力工程 – 预算定额 – 中国③隧道掘进
机 – 隧道工程 – 概算定额 – 中国④隧道掘进机 – 隧道
工程 – 预算定额 – 中国 Ⅳ.TV512

中国版本图书馆 CIP 数据核字(2007)第 093032 号

出 版 社:黄河水利出版社
　　　　地址:河南省郑州市顺河路黄委会综合楼14层　　邮政编码:450003
发行单位:黄河水利出版社
　　　　发行部电话:0371 – 66026940　　　　传真:0371 – 66022620
　　　　E-mail:hhslcbs@126.com
承印单位:黄河水利委员会印刷厂
开本:850 mm×1 168 mm　1/32
印张:6.625
字数:166 千字　　　　　　　　　　印数:3 101—6 100
版次:2007 年 6 月第 1 版　　　　　印次:2009 年 4 月第 2 次印刷
书号:ISBN 978 – 7 – 80734 – 217 – 5/TV·506　　　　定价:55.00 元

水 利 部 文 件

水总〔2007〕118 号

关于发布《水利工程概预算补充定额
（掘进机施工隧洞工程）》的通知

各流域机构,各省、自治区、直辖市水利(水务)厅(局),各计划单列市水利(水务)局,新疆生产建设兵团水利局,水利行业各相关设计单位,中国水电工程总公司,武警水电指挥部:

　　为进一步完善水利工程定额体系,满足工程建设需要,我部水利建设经济定额站在整编有关工程资料、对部分施工现场进行调研的基础上,组织编制了《水利工程概预算补充定额(掘进机施工隧洞工程)》。经审查批准,现予以发布,自发布之日起执行。

　　《水利工程概预算补充定额(掘进机施工隧洞工程)》作为 2002 版《水利建筑工程预算定额》、《水利建筑工程概算定额》、《水利工程施工机械台时费定额》和《水利工程设计概(估)算编制规定》的补充,与其一并使用。

《水利工程概预算补充定额(掘进机施工隧洞工程)》由水利部水利建设经济定额站负责解释。在执行过程中如有问题请及时函告水利部水利建设经济定额站。

附件:《水利工程概预算补充定额(掘进机施工隧洞工程)》

中华人民共和国水利部
二〇〇七年四月五日

主题词:水利 工程 定额 通知

水利部办公厅 2007年4月6日印发

主编单位　水利部水利建设经济定额站
　　　　　中水北方勘测设计研究有限责任公司
技术顾问　宋崇丽　韩增芬　胡玉强
主　　编　王治明　王朋基
副 主 编　杜雷功　孙富行　罗纯通
编　　写　李文刚　刘冰莒　王秀香　王光辉
　　　　　王立选　王晓全　王跃峰　洪　松
　　　　　陈洪蛟　潘登宇　张胜利　孙庆国
　　　　　倪　燕　庞　浩　韩占峰　张　珏

目 录

水利工程隧洞掘进机施工预算定额

T-3　其　他

水利工程隧洞掘进机施工概算定额

T-1　全断面岩石掘进机（TBM）施工

水利工程隧洞掘进机施工机械台时费定额

水利工程隧洞掘进机施工
预 算 定 额

说　明

一、本定额包括全断面岩石掘进机(以下简称TBM)施工、盾构施工和其他三大部分定额共26节。其中TBM施工定额包括TBM安装调试及拆除、敞开式及双护盾TBM掘进、管片安装、豆砾石回填及灌浆、钢拱架安装、喷混凝土、钢筋网制作及安装、锚固剂锚杆、石渣运输、管片及灌浆材料运输、洞内混凝土运输等;盾构掘进机施工定额包括盾构掘进机安装调试及拆除、刀盘式土压平衡及泥水平衡盾构掘进、管片安装、壁后注浆、洞口柔性接缝环、负环管片拆除、洞内渣土及管片运输等;其他定额包括钢筋混凝土管片预制、管片止水、管片嵌缝等。

二、本定额适用于采用全断面掘进机施工的水利工程隧洞(平洞)工程。

三、本定额的计量单位:开挖及出渣定额按自然方体积为计量单位,预制混凝土管片、灌浆等均按建筑物的成品实体方为计量单位。

四、工程量计算规则

1. 开挖及出渣工程量按设计开挖断面面积乘洞长的几何体积计算。

2. 豆砾石回填及灌浆、豆砾石及灌浆材料运输工程量按设计开挖断面与管片外径之间所形成的几何体积计算。

3. 盾构施工工程量其他计算说明:

(1)负环段是指从拼装后靠管片起至盾尾离开始发井内壁止的掘进段。

(2)出洞段是指盾尾离开始发井10倍盾构直径的掘进段。

(3)正常段是指从出洞段掘进结束至进洞段掘进开始的全段

掘进。

(4)进洞段是指盾构切口距接收井外壁5倍盾构直径的掘进段。

(5)壁后注浆工程量根据盾尾间隙,由施工组织设计综合考虑地质条件后确定,定额中未含超填量。

(6)柔性接缝环适合于盾构工作井洞门与圆隧洞接缝处理,长度按管片中心圆周长计算。

五、定额使用说明

1.按隧洞开挖直径选用定额时,以整米数计算。

2.定额中岩石单轴抗压强度均指饱和单轴抗压强度。

3.TBM和盾构掘进定额综合考虑了试掘进和正常掘进的工效,并且已含维修保养班组的工料机消耗,使用时不再增补和调整。

4.以洞长划分子目的出渣定额已包含洞口至洞外卸渣点间的运输。

5.管片运输定额包括洞外组车场至掘进机工作面间的管片运输。

6.管片预制及安装定额中已综合考虑了管片的宽度、厚度和成环块数等因素,与实际不同时不再调整。管片安装定额包括管片后配套吊运、安装、测量等工序。

7.关于TBM施工定额的其他说明:

(1)TBM安装调试定额适用于洞外安装调试,如在洞内安装调试,人工、机械乘1.25系数;TBM拆除定额适用于洞内拆除,如在洞外拆除,人工、机械乘0.8系数。

(2)TBM掘进定额中刀具按432mm滚刀拟定,使用时不作调整;刀具消耗量按隧洞岩石石英含量5%～15%拟定,当石英含量不同时,刀具消耗量按表1系数调整。

表 1　刀具消耗量调整系数

石英含量(%)	≤5	5～15	15～25	25～35	35～45
调整系数	0.8	1.0	1.1	1.15	1.25

（3）TBM 掘进定额中轴流通风机台时量是按一个工作面长度 6km 以内拟定的,当工作面长度超过 6km 时,应按表 2 系数调整轴流通风机台时量。

表 2　轴流通风机调整系数

通风长度 (km)	隧洞开挖直径(m)						
	4	5	6	7	8	9	10
≤6	1.00	1.00	1.00	1.00	1.00	1.00	1.00
7	1.28	1.28	1.36	1.25	1.20	1.15	1.12
8	1.63	1.62	1.72	1.59	1.49	1.39	1.35
9	2.08	2.07	2.20	2.03	1.91	1.78	1.72
10	2.59	2.57	2.74	2.52	2.37	2.22	2.14
12	3.34	3.32	3.54	3.25	3.06	2.86	2.76

8. 单护盾 TBM 施工时,选用双护盾 TBM 施工定额,并作如下调整:TBM 台时费乘 0.9 的调整系数;TBM 掘进定额人工、机械乘 1.15 的调整系数;TBM 安装调试及拆除定额乘 0.9 的调整系数。

9. 关于盾构施工定额的其他说明:

采用干式出土掘进,其出土以吊出井口卸车止;采用水力出土掘进,其排放的泥浆水以运至沉淀池止,水力出土所需的地面部分取水、排水的土建及土方外运费用另计。水力出土掘进用水按取自然水源考虑,不计水费,若采用其他水源需计算水费时可另计。

六、施工机械台时费定额使用时注意问题

1. TBM台时费一类费用调整系数（见表3）：

表3　TBM台时费一类费用调整系数

隧洞总长度（km）	8~10	10~15	15~30	>30
一类费用调整系数	1.2	1.1	1.0	0.9

2. 盾构台时费一类费用调整系数（见表4）：

表4　盾构台时费一类费用调整系数

隧洞总长度（km）	0.8~2	2~4	4~7	7~9	>9
一类费用调整系数	1.3	1.2	1.1	1.0	0.9

3. 由建设单位提供掘进机或掘进机已单独列项的工程，掘进机及相关施工机械台时费应扣除相关费用。

七、工程单价取费及其他说明

1. 掘进机施工人工预算单价执行枢纽工程标准。

2. 掘进机施工土石方类工程、钻孔灌浆及锚固类工程执行如下取费标准：其他直接费费率1.5%~2.5%，现场经费费率3%，间接费费率3%；其他工程单价取费执行水总〔2002〕116号文编制规定相关标准。

3. 由建设单位提供掘进机并在施工机械台时费中扣除折旧费的工程，土方、石方类工程执行如下取费标准：其他直接费费率2%~3%，现场经费费率5%，间接费费率5%。

4. 泥水平衡盾构掘进泥水处理系统土建费用可在临时工程中单列项，设备组时费根据设计或实际设备配备计算。

5. 掘进机施工时临时供电线路、通风管道、轨道安装和拆除费用可在临时工程中单列项。

6. 钢筋混凝土管片预制厂土建费用可在临时工程中单列项。

T-1 全断面岩石掘进机(TBM)施工

T-1-1 TBM 安装调试及拆除

适用范围:TBM 安装调试及拆除。

工作内容:安装调试:场内运输、主机及后配套安装调试、安装场至洞口50m 的滑行。

拆　　除:起吊设备及附属设备就位、拆除 TBM 主机及后配套、上托架装车、洞内及场内运输。

(1) 双护盾 TBM 安装调试

单位:台次

项　　目	单位	隧洞开挖直径(m)			
		4	5	6	7
工　　长	工时	2704.0	3120.0	3536.0	4160.0
高 级 工	工时	8788.0	10140.0	11492.0	13520.0
中 级 工	工时	23660.0	27300.0	30940.0	36400.0
初 级 工	工时	8788.0	10140.0	11492.0	13520.0
合　　计	工时	43940.0	50700.0	57460.0	67600.0
钢 丝 绳	kg	1338.83	1417.59	1496.34	1575.10
钢 材 （含滑行钢轨）	t	14.31	16.76	19.21	21.66
木 材	m³	6.48	7.95	9.80	12.25
预制混凝土底管片	m³	27.80	34.34	49.46	67.31
混凝土预制块	m³	68.40	72.00	82.80	90.00
混 凝 土	m³	61.71	77.14	92.57	108.00
氩弧焊焊丝	kg	105.27	164.51	248.72	349.80
电 焊 条	kg	1850.00	2270.00	2800.00	3500.00
氩 气	m³	245.31	383.35	579.60	815.14
乙 炔 气	m³	753.26	949.02	1279.57	1619.13
氧 气	m³	1732.50	2182.75	2943.00	3724.00
电	kW·h	62786.40	78483.20	94179.20	109811.00
液 压 油	L	713.14	915.20	1188.57	1664.00
润 滑 油 脂	L	1604.57	2059.20	2674.29	3744.00
齿 轮 油	L	624.00	801.60	998.40	1248.00
其他材料费	%	5	5	5	5
搅 拌 机 0.4m³	台时	11.66	14.58	17.50	20.41
龙门式起重机 30t	台时	291.00	465.00	573.00	660.00
龙门式起重机 50t	台时	480.00	560.00		
龙门式起重机 80t	台时			480.00	624.00
汽车式起重机 25t	台时	291.00	465.00	573.00	660.00
汽车式起重机 50t	台时	320.00	465.45		
汽车式起重机 90t	台时			432.00	
汽车式起重机 130t	台时				411.84
汽车拖车头 60t	台时	102.08	131.14	163.33	204.17
汽车拖车头 80t	台时			42.86	50.00
平 板 挂 车 60t	台时	102.08	131.14	163.33	204.17
平 板 挂 车 80t	台时			42.86	50.00
氩 弧 焊 机 500A	台时	101.12	158.02	238.91	336.00
电 焊 机 直流30kW	台时	1607.91	1972.95	2433.60	2975.00
气 割 枪	台时	787.50	992.16	1337.73	1692.73
空 压 机 6m³/min	台时	481.37	617.76	802.29	1081.60
载 重 汽 车 10t	台时	125.00	156.25	195.31	234.38
内 燃 叉 车 6t	台时	624.00	801.60	1036.80	1248.00
其他机械费	%	3	3	3	3
编　　号		YT001	YT002	YT003	YT004

项 目	单位	隧洞开挖直径(m)		
		8	9	10
工 长	工时	4576.0	4992.0	5408.0
高 级 工	工时	14872.0	16224.0	17576.0
中 级 工	工时	40040.0	43680.0	47320.0
初 级 工	工时	14872.0	16224.0	17576.0
合 计	工时	74360.0	81120.0	87880.0
钢 丝 绳	kg	1653.85	1732.60	1890.11
钢 材 (含滑行钢轨)	t	24.11	26.56	29.01
木 材	m³	12.60	12.95	13.30
预制混凝土底管片	m³	87.92	124.35	151.91
混凝土预制块	m³	90.00	108.00	108.00
混 凝 土	m³	123.43	138.86	154.29
氩弧焊焊丝	kg	442.20	586.28	723.79
电 焊 条	kg	3600.00	3700.00	3800.00
氩 气	m³	1030.46	1366.21	1686.65
乙 炔 气	m³	1709.35	1799.57	1889.78
氧 气	m³	3931.50	4139.00	4346.50
电	kW·h	125710.40	143192.00	159102.40
液 压 油	L	1782.86	1901.71	2020.57
润滑油脂	L	4011.43	4243.20	4546.29
齿 轮 油	L	1331.20	1426.29	1515.43
其他材料费	%	5	5	5
搅 拌 机 0.4m³	台时	23.33	26.24	29.16
龙门式起重机 30t	台时	665.60	707.00	759.00
龙门式起重机 150t	台时	520.00		
龙门式起重机 250t	台时		520.00	560.00
汽车式起重机 25t	台时	665.60	707.00	759.00
汽车式起重机 200t	台时	446.16	589.16	777.69
汽车拖车头 60t	台时	210.00	215.83	221.67
汽车拖车头 100t	台时	53.57	57.14	
汽车拖车头 120t	台时			60.71
平板挂车 60t	台时	210.00	215.83	221.67
平板挂车 100t	台时	53.57	57.14	
平板挂车 120t	台时			60.71
氩弧焊机 500A	台时	424.75	563.15	695.23
电 焊 机 直流30kW	台时	3128.91	3215.83	3302.72
气 割 枪	台时	1787.05	1881.36	1975.68
空 压 机 6m³/min	台时	1136.57	1212.35	1288.09
载 重 汽 车 10t	台时	257.81	271.88	280.50
内 燃 叉 车 6t	台时	1488.00	1728.00	2016.00
其他机械费	%	3	3	3
编 号		YT005	YT006	YT007

(2)敞开式 TBM 安装调试

项　目	单位	隧洞开挖直径(m)			
		4	5	6	7
工　　长	工时	2163.2	2496.0	2828.8	3328.0
高　级　工	工时	7030.4	8112.0	9193.6	10816.0
中　级　工	工时	18928.0	21840.0	24752.0	29120.0
初　级　工	工时	7030.4	8112.0	9193.6	10816.0
合　　计	工时	35152.0	40560.0	45968.0	54080.0
钢　丝　绳	kg	1148.24	1276.21	1346.71	1417.59
钢　　材	t	3.93	4.92	5.90	6.88
木　　材	m³	4.55	5.85	7.53	9.80
混凝土预制块	m³	96.20	106.34	132.26	157.31
混　凝　土	m³	61.71	77.14	92.57	108.00
氩弧焊焊丝	kg	105.27	164.51	248.72	349.80
电　焊　条	kg	1137.59	1461.37	1881.40	2450.20
氩　　气	m³	245.31	383.35	579.60	815.14
乙　炔　气	m³	586.74	774.02	1023.91	1427.17
氧　　气	m³	1349.50	1780.25	2355.00	3282.50
电	kW·h	60366.40	75457.60	90549.60	107796.80
液　压　油	L	579.43	744.34	958.29	1248.00
润滑油脂	L	1303.71	1674.77	2156.14	2808.00
齿　轮　油	L	434.57	558.26	718.71	936.00
其他材料费	%	5	5	5	5
搅　拌　机　0.4m³	台时	11.66	14.58	17.50	20.41
龙门式起重机　30t	台时	249.60	312.00	390.00	468.00
龙门式起重机　50t	台时	374.40	436.80		
龙门式起重机　80t	台时			374.40	436.80
汽车式起重机　25t	台时	249.60	312.00	390.00	468.00
汽车式起重机　50t	台时	274.56	361.92		
汽车式起重机　90t	台时			299.52	
汽车式起重机　130t	台时				288.29
汽车拖车头　60t	台时	70.00	88.67	109.67	129.50
汽车拖车头　80t	台时			42.86	50.00
平板挂车　60t	台时	70.00	88.67	109.67	129.50
平板挂车　80t	台时			42.86	50.00
氩弧焊机　500A	台时	91.01	142.21	215.02	302.40
电焊机　直流30kW	台时	1271.12	1632.90	2102.24	2737.80
气　割　枪	台时	613.41	809.20	1070.45	1492.05
空压机　6m³/min	台时	369.38	474.52	610.90	795.60
载重汽车　10t	台时	109.38	126.56	135.00	150.00
内燃叉车　6t	台时	432.43	657.30	750.55	960.00
其他机械费	%	3	3	3	3
编　　号		YT008	YT009	YT010	YT011

项 目	单位	隧洞开挖直径(m)		
		8	9	10
工 长	工时	3660.8	3993.6	4326.4
高 级 工	工时	11897.6	12979.2	14060.8
中 级 工	工时	32032.0	34944.0	37856.0
初 级 工	工时	11897.6	12979.2	14060.8
合 计	工时	59488.0	64896.0	70304.0
钢 丝 绳	kg	1543.00	1696.00	1849.00
钢 材	t	7.87	8.85	9.83
木 材	m³	10.15	10.50	10.85
混凝土预制块	m³	177.92	232.35	259.91
混 凝 土	m³	123.43	138.86	154.29
氩弧焊焊丝	kg	442.20	586.28	723.79
电 焊 条	kg	2537.71	2625.21	2712.72
氩 气	m³	1030.46	1366.21	1686.65
乙 炔 气	m³	1517.39	1607.61	1697.83
氧 气	m³	3490.00	3697.50	3905.00
电	kW·h	123196.42	140328.42	155920.46
液 压 油	L	1292.57	1337.14	1381.71
润 滑 油 脂	L	2908.29	3008.57	3108.86
齿 轮 油	L	969.43	1002.86	1036.29
其他材料费	%	5	5	5
搅 拌 机 0.4m³	台时	23.33	26.24	29.16
龙门式起重机 30t	台时	491.40	514.80	538.20
龙门式起重机 150t	台时	406.00		
龙门式起重机 250t	台时		406.00	468.00
汽车式起重机 25t	台时	491.40	514.80	538.20
汽车式起重机 200t	台时	321.24	455.08	643.50
汽车拖车头 60t	台时	134.13	138.75	143.38
汽车拖车头 100t	台时	54.00	57.14	
汽车拖车头 120t	台时			60.00
平 板 挂 车 60t	台时	134.13	138.75	143.38
平 板 挂 车 100t	台时	54.00	57.14	
平 板 挂 车 120t	台时			60.00
氩 弧 焊 机 500A	台时	382.28	506.83	625.71
电 焊 机 直流30kW	台时	2835.58	2933.36	3031.14
气 割 枪	台时	1586.00	1681.00	1775.00
空 压 机 6m³/min	台时	907.26	965.89	1024.51
载 重 汽 车 10t	台时	206.25	234.38	257.81
内 燃 叉 车 6t	台时	1038.55	1179.93	1216.58
其他机械费	%	3	3	3
编 号		YT012	YT013	YT014

（3）双护盾 TBM 拆除

单位：台次

项　　目	单位	隧洞开挖直径（m）			
		4	5	6	7
工　　长	工时	1352.0	1560.0	1768.0	2080.0
高 级 工	工时	6760.0	7800.0	8840.0	10400.0
中 级 工	工时	12168.0	14040.0	15912.0	18720.0
初 级 工	工时	16900.0	19500.0	22100.0	26000.0
合　　计	工时	37180.0	42900.0	48620.0	57200.0
钢 丝 绳	kg	339.00	366.00	378.00	398.00
钢　　材	t	4.60	5.80	6.90	8.10
木　　材	m³	6.48	7.95	9.80	12.25
电 焊 条	kg	26.12	32.65	39.18	45.71
乙 炔 气	m³	941.58	1186.28	1509.24	2023.91
氧　　气	m³	2165.63	2728.44	3471.25	4655.00
防 锈 漆	kg	2231.25	2528.75	2766.75	2975.00
电	kW·h	2520.00	3375.00	4860.00	6300.00
清 洗 油	kg	79.29	97.29	120.00	150.00
液 压 油	L	68.71	84.31	104.00	130.00
润滑油脂	L	171.79	210.79	260.00	325.00
齿 轮 油	L	33.04	40.54	50.00	62.50
其他材料费	%	5	5	5	5
内燃机车 132kW	台时	60.00	77.00	100.00	140.00
平　车 30t	台时	240.00	154.00	200.00	280.00
平　车 60t	台时		77.00	100.00	140.00
龙门式起重机 50t	台时	780.00	832.00		
龙门式起重机 80t	台时			780.00	832.00
汽车式起重机 50t	台时	858.00	915.20	936.00	998.40
汽车拖车头 60t	台时	102.08	131.14	163.33	204.17
汽车拖车头 80t	台时			42.86	50.00
平板挂车 60t	台时	102.08	131.14	163.33	204.17
平板挂车 80t	台时			42.86	50.00
气 割 枪	台时	984.38	1240.20	1577.84	2115.91
空 压 机 6m³/min	台时	457.30	586.87	762.18	1027.52
载重汽车 10t	台时	125.00	156.25	195.31	234.38
内燃叉车 6t	台时	405.41	513.51	635.14	750.00
其他机械费	%	3	3	3	3
编　　号		YT015	YT016	YT017	YT018

项 目	单位	隧洞开挖直径（m）		
		8	9	10
工　　　长	工时	2288.0	2496.0	2704.0
高　级　工	工时	11440.0	12480.0	13520.0
中　级　工	工时	20592.0	22464.0	24336.0
初　级　工	工时	28600.0	31200.0	33800.0
合　　　计	工时	62920.0	68640.0	74360.0
钢　丝　绳	kg	445.10	491.96	562.24
钢　　　材	t	9.21	10.36	11.52
木　　　材	m³	12.60	12.95	13.30
电　焊　条	kg	52.20	58.80	65.30
乙　炔　气	m³	2136.68	2249.46	2362.23
氧　　　气	m³	4914.38	5173.75	5433.13
防　锈　漆	kg	3153.50	3302.25	3436.13
电	kW·h	7488.00	10530.00	11700.00
清　洗　油	kg	154.29	158.57	162.86
液　压　油	L	133.71	137.43	141.14
润滑油脂	L	334.29	343.57	352.86
齿　轮　油	L	64.29	66.07	67.86
其他材料费	%	5	5	5
内燃机车　132kW	台时	150.00	160.00	170.00
平　车　30t	台时	300.00	320.00	340.00
平　车　60t	台时	150.00	160.00	170.00
龙门式起重机　150t	台时	780.00		
龙门式起重机　250t	台时		780.00	832.00
汽车式起重机　50t	台时	1048.32	1098.24	1148.16
汽车拖车头　60t	台时	210.00	215.83	221.67
汽车拖车头　100t	台时	53.57	57.14	
汽车拖车头　120t	台时			60.71
平板挂车　60t	台时	210.00	215.83	221.67
平板挂车　100t	台时	53.57	57.14	
平板挂车　120t	台时			60.71
气　割　枪	台时	2233.81	2351.70	2469.60
空　压　机　6m³/min	台时	1079.74	1151.73	1223.69
载重汽车　10t	台时	257.81	271.88	280.50
内燃叉车　6t	台时	804.00	914.00	1042.00
其他机械费	%	3	3	3
编　　　号		YT019	YT020	YT021

（4）敞开式 TBM 拆除

项　　目	单位	隧洞开挖直径（m）			
		4	5	6	7
工　　长	工时	1154.4	1243.2	1332.0	1776.0
高 级 工	工时	5772.0	6216.0	6660.0	8880.0
中 级 工	工时	10389.6	11188.8	11988.0	15984.0
初 级 工	工时	14430.0	15540.0	16650.0	22200.0
合　　计	工时	31746.0	34188.0	36630.0	48840.0
钢 丝 绳	kg	308.00	333.00	344.00	362.00
钢　　材	t	3.93	4.92	5.90	6.88
木　　材	m³	4.55	5.85	7.53	9.80
电 焊 条	kg	22.30	27.88	33.45	39.03
乙 炔 气	m³	733.42	967.53	1279.89	1783.97
氧　　气	m³	1686.88	2225.31	2943.75	4103.13
防 锈 漆	kg	2085.94	2364.06	2586.56	2781.25
电	kW·h	2446.08	3276.00	4717.44	6115.20
清 洗 油	kg	46.43	59.64	76.79	100.00
液 压 油	L	58.04	74.55	95.98	125.00
润 滑 油 脂	L	145.09	186.38	239.96	312.50
齿 轮 油	L	29.02	37.28	47.99	62.50
其他材料费	%	5	5	5	5
内燃机车　132kW	台时	50.00	67.00	90.00	130.00
平　　车　30t	台时	200.00	134.00	180.00	260.00
平　　车　60t	台时		67.00	90.00	130.00
龙门式起重机　50t	台时	624.00	665.60		
龙门式起重机　80t	台时			624.00	665.60
汽车式起重机　50t	台时	686.40	732.16	748.80	798.72
汽车拖车头　60t	台时	70.00	88.67	109.67	129.50
汽车拖车头　80t	台时			42.86	50.00
平 板 挂 车　60t	台时	70.00	88.67	109.67	129.50
平 板 挂 车　80t	台时			42.86	50.00
气 割 枪	台时	766.76	1011.51	1338.07	1865.06
空 压 机　6m³/min	台时	350.91	450.79	580.36	755.82
载 重 汽 车　10t	台时	109.38	123.75	144.45	169.50
内 燃 叉 车　6t	台时	300.00	385.38	498.46	600.00
其他机械费	%	3	3	3	3
编　　号		YT022	YT023	YT024	YT025

项　　目	单位	隧洞开挖直径（m）		
		8	9	10
工　　　　长	工时	1864.8	2131.2	2308.8
高　级　工	工时	9324.0	10656.0	11544.0
中　级　工	工时	16783.2	19180.8	20779.2
初　级　工	工时	23310.0	26640.0	28860.0
合　　　计	工时	51282.0	58608.0	63492.0
钢　丝　绳	kg	405.00	447.00	511.00
钢　　　材	t	7.87	8.85	9.83
木　　　材	m³	10.15	10.50	10.85
电　焊　条	kg	44.60	50.20	55.80
乙　炔　气	m³	1896.70	2009.50	2122.30
氧　　　气	m³	4362.50	4621.88	4881.25
防　锈　漆	kg	2948.13	3087.19	3212.34
电	kW·h	6720.00	9450.00	10500.00
清　洗　油	kg	103.57	107.14	110.71
液　压　油	L	129.46	133.93	138.39
润　滑　油　脂	L	323.66	334.82	345.98
齿　轮　油	L	64.73	66.96	69.20
其他材料费	%	5	5	5
内燃机车　132kW	台时	140.00	150.00	160.00
平　　车　30t	台时	280.00	300.00	320.00
平　　车　60t	台时	140.00	150.00	160.00
龙门式起重机　150t	台时	624.00		
龙门式起重机　250t	台时		624.00	680.00
汽车式起重机　50t	台时	838.66	878.59	918.53
汽车拖车头　60t	台时	134.13	138.75	143.38
汽车拖车头　100t	台时	54.00	57.14	
汽车拖车头　120t	台时			60.00
平板挂车　60t	台时	134.13	138.75	143.38
平板挂车　100t	台时	54.00	57.14	
平板挂车　120t	台时			60.00
气　割　枪	台时	1983.00	2100.85	2218.75
空　压　机　6m³/min	台时	861.90	917.60	973.28
载重汽车　10t	台时	206.25	234.38	257.81
内燃叉车　6t	台时	715.38	830.77	969.23
其他机械费	%	3	3	3
编　　　号		YT026	YT027	YT028

T-1-2 敞开式 TBM 掘进

适用范围:敞开式 TBM 掘进。

工作内容:操作 TBM 掘进、供气通风、测量、维护等。

(1)隧洞开挖直径4m

单位:100m³

项　　　目	单位	单轴抗压强度(MPa)			
		≤50	50～100	100～150	150～200
工　　长	工时	6.3	7.5	8.2	9.8
高　级　工	工时	33.9	39.9	43.8	52.4
中　级　工	工时	38.1	44.8	49.3	59.0
初　级　工	工时	69.8	82.2	90.3	108.2
合　　计	工时	148.1	174.4	191.6	229.4
刀　具　432mm	套	0.12	0.16	0.29	0.55
钢　　材	kg	25.39	29.89	32.85	39.33
电　焊　条	kg	6.35	7.47	8.21	9.83
水	m³	77.63	92.69	103.50	124.20
其他材料费	%	5	5	5	5
敞开式 TBM　Φ4m	台时	3.97	4.67	5.13	6.15
轴流通风机　2×75kW	台时	6.35	7.47	8.21	9.83
电　焊　机　25kVA	台时	1.59	1.87	2.05	2.46
其他机械费	%	1	1	1	1
编　　号		YT029	YT030	YT031	YT032

(2)隧洞开挖直径5m

单位:100m³

项　　　目	单位	单轴抗压强度(MPa)			
		≤50	50～100	100～150	150～200
工　　长	工时	4.4	5.2	5.7	6.9
高　级　工	工时	23.7	27.9	30.6	36.7
中　级　工	工时	26.6	31.4	34.5	41.3
初　级　工	工时	48.9	57.5	63.2	75.7
合　　计	工时	103.6	122.0	134.0	160.6
刀　具　432mm	套	0.12	0.16	0.29	0.55
钢　　材	kg	17.77	20.91	22.98	27.51
电　焊　条	kg	4.44	5.23	5.74	6.88
水	m³	62.61	74.93	84.64	103.88
其他材料费	%	5	5	5	5
敞开式TBM　Φ5m	台时	2.78	3.27	3.59	4.30
轴流通风机　2×110kW	台时	4.44	5.23	5.74	6.88
电　焊　机　25kVA	台时	1.11	1.31	1.44	1.72
其他机械费	%	1	1	1	1
编　　号		YT033	YT034	YT035	YT036

(3)隧洞开挖直径6m

单位:100m³

项 目	单位	单轴抗压强度（MPa）			
		≤50	50～100	100～150	150～200
工 长	工时	3.5	4.1	4.5	5.4
高 级 工	工时	18.6	21.9	24.1	28.8
中 级 工	工时	20.9	24.6	27.1	32.4
初 级 工	工时	38.4	45.2	49.6	59.4
合 计	工时	81.4	95.8	105.3	126.0
刀 具 432mm	套	0.12	0.16	0.29	0.55
钢 材	kg	13.95	16.42	18.05	21.61
电 焊 条	kg	3.49	4.11	4.51	5.40
水	m³	62.53	74.11	85.15	102.62
其他材料费	%	5	5	5	5
敞开式TBM Φ6m	台时	2.18	2.57	2.82	3.38
轴流通风机 2×160kW	台时	3.49	4.11	4.51	5.40
电 焊 机 25kVA	台时	0.87	1.03	1.13	1.35
其他机械费	%	1	1	1	1
编 号		YT037	YT038	YT039	YT040

（4）隧洞开挖直径7m

单位:100m³

项　　目	单位	单轴抗压强度（MPa）			
		≤50	50～100	100～150	150～200
工　　长	工时	2.7	3.2	3.5	4.2
高　级　工	工时	14.6	17.2	18.9	22.6
中　级　工	工时	16.4	19.3	21.2	25.4
初　级　工	工时	30.1	35.4	38.9	46.6
合　　计	工时	63.8	75.1	82.5	98.8
刀　具　432mm	套	0.12	0.16	0.29	0.55
钢　　材	kg	10.94	12.87	14.14	16.94
电　焊　条	kg	2.73	3.22	3.54	4.23
水	m³	58.00	78.00	89.00	109.00
其他材料费	%	5	5	5	5
敞开式TBM　Φ7m	台时	1.71	2.01	2.21	2.65
轴流通风机　2×200kW	台时	2.73	3.22	3.54	4.23
电　焊　机　25kVA	台时	0.68	0.80	0.88	1.06
其他机械费	%	1	1	1	1
编　　号		YT041	YT042	YT043	YT044

(5)隧洞开挖直径8m

单位:100m³

项 目	单位	单轴抗压强度(MPa)			
		≤50	50~100	100~150	150~200
工 长	工时	2.2	2.6	2.8	3.4
高 级 工	工时	11.7	13.8	15.2	18.2
中 级 工	工时	13.2	15.5	17.1	20.4
初 级 工	工时	24.2	28.5	31.3	37.5
合 计	工时	51.3	60.4	66.4	79.5
刀 具 432mm	套	0.12	0.16	0.29	0.55
钢 材	kg	8.80	10.36	11.38	13.63
电 焊 条	kg	2.20	2.59	2.85	3.41
水	m³	56.00	76.00	87.00	107.00
其他材料费	%	5	5	5	5
敞开式TBM Φ8m	台时	1.37	1.62	1.78	2.13
轴流通风机 2×250kW	台时	2.20	2.59	2.85	3.41
电 焊 机 25kVA	台时	0.55	0.65	0.71	0.85
其他机械费	%	1	1	1	1
编 号		YT045	YT046	YT047	YT048

(6) 隧洞开挖直径 9m

单位:100m³

项 目	单位	单轴抗压强度(MPa)			
		≤50	50~100	100~150	150~200
工　　长	工时	1.9	2.2	2.4	2.9
高　级　工	工时	10.0	11.8	12.9	15.5
中　级　工	工时	11.2	13.2	14.5	17.4
初　级　工	工时	20.6	24.2	26.6	31.9
合　　计	工时	43.7	51.4	56.4	67.7
刀　具　432mm	套	0.12	0.16	0.29	0.55
钢　　材	kg	7.49	8.82	9.69	11.60
电　焊　条	kg	1.87	2.20	2.42	2.90
水	m³	54.00	74.00	85.00	105.00
其他材料费	%	5	5	5	5
敞开式 TBM　Φ9m	台时	1.17	1.38	1.51	1.81
轴流通风机　2×280kW	台时	1.87	2.20	2.42	2.90
电　焊　机　25kVA	台时	0.47	0.55	0.61	0.73
其他机械费	%	1	1	1	1
编　　号		YT049	YT050	YT051	YT052

(7)隧洞开挖直径 10m

项 目	单位	单轴抗压强度（MPa）			
		≤50	50～100	100～150	150～200
工 长	工时	1.6	1.9	2.1	2.5
高 级 工	工时	8.6	10.1	11.1	13.2
中 级 工	工时	9.6	11.3	12.4	14.9
初 级 工	工时	17.6	20.8	22.8	27.3
合 计	工时	37.4	44.1	48.4	57.9
刀 具 432mm	套	0.12	0.16	0.29	0.55
钢 材	kg	6.41	7.55	8.30	9.93
电 焊 条	kg	1.60	1.89	2.07	2.48
水	m³	52.00	72.00	83.00	103.00
其他材料费	%	5	5	5	5
敞开式 TBM Φ10m	台时	1.00	1.18	1.30	1.55
轴流通风机 2×315kW	台时	1.60	1.89	2.07	2.48
电 焊 机 25kVA	台时	0.40	0.47	0.52	0.62
其他机械费	%	1	1	1	1
编 号		YT053	YT054	YT055	YT056

T-1-3　双护盾 TBM 掘进

适用范围:双护盾 TBM 掘进。

工作内容:操作 TBM 掘进、供气通风、测量、维护等。

(1)隧洞开挖直径4m

单位:100m³

项　　目	单位	单轴抗压强度(MPa)			
		≤50	50~100	100~150	150~200
工　　长	工时	9.8	11.7	13.1	15.7
高　级　工	工时	47.3	56.4	63.0	75.6
中　级　工	工时	80.4	96.0	107.2	128.6
初　级　工	工时	61.5	73.4	81.9	98.3
合　　计	工时	199.0	237.5	265.2	318.2
刀　具　432mm	套	0.12	0.16	0.29	0.55
钢　　材	kg	24.84	29.66	33.12	39.70
电　焊　条	kg	6.21	7.42	8.28	9.90
水	m³	77.60	92.70	103.50	124.20
其他材料费	%	5	5	5	5
双护盾 TBM　Φ4m	台时	3.88	4.63	5.18	6.21
轴流通风机　2×75kW	台时	6.21	7.42	8.28	9.94
电　焊　机　25kVA	台时	1.55	1.85	2.07	2.48
其他机械费	%	1	1	1	1
编　　号		YT057	YT058	YT059	YT060

（2）隧洞开挖直径 5m

单位:100m³

项　目	单位	单轴抗压强度（MPa）			
		≤50	50～100	100～150	150～200
工　　长	工时	7.3	8.7	9.8	12.0
高　级　工	工时	36.3	43.4	49.1	60.2
中　级　工	工时	61.7	73.8	83.4	102.4
初　级　工	工时	47.2	56.5	63.8	78.3
合　　计	工时	152.5	182.4	206.1	252.9
刀　具　432mm	套	0.12	0.16	0.29	0.55
钢　　材	kg	17.42	20.85	23.55	28.91
电　焊　条	kg	4.36	5.21	5.89	7.23
水	m³	62.61	82.93	94.64	113.88
其他材料费	%	5	5	5	5
双护盾 TBM　Φ5m	台时	2.72	3.26	3.68	4.52
轴流通风机　2×110kW	台时	4.36	5.21	5.89	7.23
电　焊　机　25kVA	台时	1.09	1.30	1.47	1.81
其他机械费	%	1	1	1	1
编　　号		YT061	YT062	YT063	YT064

(3)隧洞开挖直径6m

项　目	单位	单轴抗压强度（MPa）			
		≤50	50~100	100~150	150~200
工　　长	工时	6.0	7.2	8.2	9.9
高　级　工	工时	30.2	35.8	41.1	49.5
中　级　工	工时	51.3	60.8	69.9	84.2
初　级　工	工时	39.2	46.5	53.4	64.4
合　　计	工时	126.7	150.3	172.6	208.0
刀　具　432mm	套	0.12	0.16	0.29	0.55
钢　　材	kg	13.80	16.36	18.79	22.65
电　焊　条	kg	3.45	4.09	4.70	5.66
水	m³	62.53	80.11	91.15	109.62
其他材料费	%	5	5	5	5
双护盾 TBM　Φ6m	台时	2.16	2.56	2.94	3.54
轴流通风机　2×160kW	台时	3.45	4.09	4.70	5.66
电　焊　机　25kVA	台时	0.86	1.02	1.17	1.42
其他机械费	%	1	1	1	1
编　　号		YT065	YT066	YT067	YT068

（4）隧洞开挖直径7m

项 目	单位	单轴抗压强度（MPa）			
		≤50	50~100	100~150	150~200
工 长	工时	4.8	5.7	6.6	8.0
高 级 工	工时	24.0	28.6	33.0	40.2
中 级 工	工时	40.8	48.6	56.2	68.3
初 级 工	工时	31.2	37.2	43.0	52.2
合 计	工时	100.8	120.1	138.8	168.7
刀 具 432mm	套	0.12	0.16	0.29	0.55
钢 材	kg	10.47	12.48	14.42	17.54
电 焊 条	kg	2.62	3.12	3.61	4.38
水	m³	58.00	78.00	89.00	105.00
其他材料费	%	5	5	5	5
双护盾 TBM Φ7m	台时	1.64	1.95	2.25	2.74
轴流通风机 2×200kW	台时	2.62	3.12	3.61	4.38
电 焊 机 25kVA	台时	0.65	0.78	0.90	1.10
其他机械费	%	1	1	1	1
编 号		YT069	YT070	YT071	YT072

（5）隧洞开挖直径 8m

单位:100m³

项 目	单位	单轴抗压强度（MPa）			
		≤50	50 ~ 100	100 ~ 150	150 ~ 200
工 长	工时	4.3	5.1	6.1	7.1
高 级 工	工时	21.4	25.6	30.3	35.5
中 级 工	工时	36.4	43.5	51.5	60.3
初 级 工	工时	27.8	33.3	39.4	46.1
合 计	工时	89.9	107.5	127.3	149.0
刀 具 432mm	套	0.12	0.16	0.29	0.55
钢 材	kg	8.57	10.24	12.12	14.19
电 焊 条	kg	2.14	2.56	3.03	3.55
水	m³	56.00	76.00	87.00	103.00
其他材料费	%	5	5	5	5
双护盾 TBM Φ8m	台时	1.34	1.60	1.89	2.22
轴流通风机 2×250kW	台时	2.14	2.56	3.03	3.55
电 焊 机 25kVA	台时	0.54	0.64	0.76	0.89
其他机械费	%	1	1	1	1
编 号		YT073	YT074	YT075	YT076

（6）隧洞开挖直径 9m

项 目	单位	单轴抗压强度（MPa）			
		≤50	50～100	100～150	150～200
工 长	工时	3.9	4.6	5.4	6.4
高 级 工	工时	19.7	22.9	26.9	32.2
中 级 工	工时	33.5	38.9	45.8	54.8
初 级 工	工时	25.6	29.7	35.0	41.9
合 计	工时	82.7	96.1	113.1	135.3
刀 具 432mm	套	0.12	0.16	0.29	0.55
钢 材	kg	7.27	8.44	9.94	11.90
电 焊 条	kg	1.82	2.11	2.48	2.97
水	m³	54.00	74.00	85.00	100.00
其他材料费	%	5	5	5	5
双护盾 TBM Φ9m	台时	1.14	1.32	1.55	1.86
轴流通风机 2×280kW	台时	1.82	2.11	2.48	2.97
电 焊 机 25kVA	台时	0.45	0.53	0.62	0.74
其他机械费	%	1	1	1	1
编 号		YT077	YT078	YT079	YT080

·29·

(7)隧洞开挖直径10m

项 目	单位	单轴抗压强度(MPa)			
		≤50	50~100	100~150	150~200
工 长	工时	3.7	4.4	5.2	6.1
高 级 工	工时	18.5	21.8	25.8	30.4
中 级 工	工时	31.5	37.1	43.8	51.7
初 级 工	工时	24.1	28.4	33.5	39.5
合 计	工时	77.8	91.7	108.3	127.7
刀 具 432mm	套	0.12	0.16	0.29	0.55
钢 材	kg	6.36	7.48	8.83	10.42
电 焊 条	kg	1.59	1.87	2.21	2.61
水	m³	52.00	72.00	83.00	93.00
其他材料费	%	5	5	5	5
双护盾 TBM Φ10m	台时	0.99	1.17	1.38	1.63
轴流通风机 2×315kW	台时	1.59	1.87	2.21	2.61
电 焊 机 25kVA	台时	0.40	0.47	0.55	0.65
其他机械费	%	1	1	1	1
编 号		YT081	YT082	YT083	YT084

T-1-4 预制钢筋混凝土管片安装

适用范围:双护盾TBM掘进,预制钢筋混凝土管片安装。

工作内容:管片吊运、清除污物、安装连接栓及导向杆、就位、校准、安装、测量。

单位:100m³

项 目	单位	隧洞开挖直径(m)			
		4	5	6	7
工 长	工时	21.7	19.6	18.3	16.9
高 级 工	工时				
中 级 工	工时	21.6	19.6	18.3	16.9
初 级 工	工时	108.2	98.0	91.6	84.4
合 计	工时	151.5	137.2	128.2	118.2
预制钢筋混凝土管片	m³	(101.00)	(101.00)	(101.00)	(101.00)
定 位 销	套	250.00	170.00	130.00	110.00
导 向 杆	个	250.00	170.00	130.00	110.00
其他材料费	%	5	5	5	5
管片吊运安装系统	台时	13.55	13.00	11.55	11.16
其他机械费	%	5	5	5	5
编 号		YT085	YT086	YT087	YT088

项　　目	单位	隧洞开挖直径(m)		
		8	9	10
工　　长	工时	15.3	14.1	12.8
高　级　工	工时			
中　级　工	工时	15.3	14.1	12.8
初　级　工	工时	76.6	70.7	64.1
合　　计	工时	107.2	98.9	89.7
预制钢筋混凝土管片	m³	(101.00)	(101.00)	(101.00)
定　位　销	套	88.00	76.00	66.00
导　向　杆	个	88.00	76.00	66.00
其他材料费	%	5	5	5
管片吊运安装系统	台时	10.77	9.37	9.00
其他机械费	%	5	5	5
编　　　号		YT089	YT090	YT091

T-1-5 豆砾石回填及灌浆

适用范围:双护盾TBM掘进,豆砾石回填及灌浆。

工作内容:吹填豆砾石、制浆、注浆、封孔、记录、质量检查、孔位转移等。

单位:100m³

项 目	单位	数 量
工 长	工时	38.5
高 级 工	工时	76.9
中 级 工	工时	384.6
初 级 工	工时	730.8
合 计	工时	1230.8
豆 砾 石	m³	105.00
水 泥 32.5	t	53.70
水	m³	41.93
其他材料费	%	2
豆砾石喷射系统	台时	57.70
灌 浆 系 统	台时	115.40
其他机械费	%	2
编 号		YT092

T-1-6 钢拱架安装

适用范围:TBM 掘进,钢拱架安装。

工作内容:钢拱架运输、安装。

单位:t

项 目	单位	数 量
工 长	工时	0.3
高 级 工	工时	
中 级 工	工时	0.8
初 级 工	工时	2.5
合 计	工时	3.6
型 钢 拱 架	t	1.02
电 焊 条	kg	2.89
其他材料费	%	1
钢拱安装器	台时	0.51
电 焊 机 25kVA	台时	0.72
其他机械费	%	2
编 号		YT093

T-1-7 喷混凝土

适用范围:TBM掘进,喷混凝土作业。
工作内容:配料、上料、搅拌、喷射、处理回弹料、养护。

单位:100m³

项 目	单位	有钢筋			无钢筋		
		喷射厚度(mm)					
		5～10	10～15	15～20	5～10	10～15	15～20
工 长	工时	15.8	14.4	13.1	15.5	14.1	12.8
高 级 工	工时	95.0	86.4	78.5	93.1	84.6	76.9
中 级 工	工时	31.7	28.8	26.2	31.0	28.2	25.6
初 级 工	工时	190.0	172.7	157.0	186.2	169.3	153.9
合 计	工时	332.5	302.3	274.8	325.8	296.2	269.2
水 泥	t	49.25	49.25	49.25	47.28	47.28	47.28
砂 子	m³	67.83	67.83	67.83	66.05	66.05	66.05
小 石	m³	63.55	63.55	63.55	61.94	61.94	61.94
速 凝 剂	t	1.63	1.63	1.63	1.60	1.60	1.60
水	m³	40.00	40.00	40.00	40.00	40.00	40.00
其他材料费	%	3	3	3	3	3	3
混凝土喷射系统 20m³/h	台时	21.11	19.19	17.45	20.69	18.81	17.10
其他机械费	%	3	3	3	3	3	3
编 号		YT094	YT095	YT096	YT097	YT098	YT099

T-1-8　钢筋网制作及安装

适用范围:TBM 掘进,钢筋网制作及安装。

工作内容:回直、除锈、切筋、焊接、安装。

单位:t

项　　目	单位	数　　量
工　　长	工时	3.0
高　级　工	工时	2.1
中　级　工	工时	25.2
初　级　工	工时	30.3
合　　计	工时	60.6
钢　　筋	t	1.03
电　焊　条	kg	7.98
其他材料费	%	1
钢筋网安装器	台时	0.64
钢筋调直机　14kW	台时	0.69
风　砂　枪	台时	1.85
钢筋切断机　20kW	台时	0.46
电　焊　机　25kVA	台时	9.79
其他机械费	%	2
编　　号		YT100

T-1-9　锚固剂锚杆

适用范围:TBM 掘进,锚杆作业。

工作内容:钻孔、锚杆制作安装、砂浆拌制、封孔、锚定。

(1)锚杆长度 2m

单位:100 根

项　　　目	单位	单轴抗压强度(MPa)			
		≤50	50~100	100~150	150~200
工　　　长	工时	4.7	4.8	4.8	4.9
高　级　工	工时	15.8	16.0	16.1	16.3
中　级　工	工时				
初　级　工	工时	15.8	16.0	16.1	16.3
合　　　计	工时	36.3	36.8	37.0	37.5
钻　　　头	个	0.37	0.39	0.40	0.42
钻　　　杆	kg	0.44	0.47	0.48	0.51
钢　筋　φ18	kg	441.00	441.00	441.00	441.00
φ20	kg	544.00	544.00	544.00	544.00
φ22	kg	658.00	658.00	658.00	658.00
锚 杆 附 件	kg	144	144	144	144
锚　固　剂	m³	0.26	0.26	0.26	0.26
其他材料费	%	3	3	3	3
锚 杆 钻 机	台时	2.10	2.31	2.55	2.80
其他机械费	%	5	5	5	5
编　　　号		YT101	YT102	YT103	YT104

（2）锚杆长度 3m

项　　目	单位	单轴抗压强度（MPa）			
		≤50	50～100	100～150	150～200
工　　长	工时	5.3	5.3	5.4	5.4
高　级　工	工时	17.5	17.7	17.9	18.1
中　级　工	工时				
初　级　工	工时	17.5	17.7	17.8	18.0
合　　计	工时	40.3	40.7	41.1	41.5
钻　　头	个	0.55	0.58	0.60	0.63
钻　　杆	kg	0.66	0.70	0.72	0.76
钢　筋　φ18	kg	650.00	650.00	650.00	650.00
φ20	kg	803.00	803.00	803.00	803.00
φ22	kg	971.00	971.00	971.00	971.00
φ25	kg	1254.00	1254.00	1254.00	1254.00
锚 杆 附 件	kg	144	144	144	144
锚　固　剂	m³	0.39	0.39	0.39	0.39
其他材料费	%	3	3	3	3
锚杆钻机	台时	3.16	3.47	3.82	4.20
其他机械费	%	5	5	5	5
编　　号		YT105	YT106	YT107	YT108

T-1-10　内燃机车出渣

适用范围:双护盾 TBM 掘进,平洞有轨出渣。

工作内容:装载、组车、运输、卸除、空回。

单位:100m³

项　　　目	单位	隧洞开挖直径(m)					
		4～6		6～8		8～10	
		洞　长　(km)					
		5.0	增5.0	5.0	增5.0	5.0	增5.0
工　　　长	工时	3.3		2.8		2.1	
高　级　工	工时						
中　级　工	工时	27.7		23.8		18.2	
初　级　工	工时	55.4		47.6		36.4	
合　　　计	工时	86.4		74.2		56.7	
零星材料费	%	1		1		1	
内燃机车　132kW	台时	5.86	0.98				
内燃机车　176kW	台时			4.38	0.73		
内燃机车　220kW	台时					2.89	0.48
出　渣　车　10m³	台时	86.01	14.33				
出　渣　车　15m³	台时			70.16	11.69		
出　渣　车　20m³	台时					56.98	9.50
液压翻车机　15kW	台时	2.67					
液压翻车机　20kW	台时			1.95			
液压翻车机　30kW	台时					1.75	
其他机械费	%	3		3		3	
编　　　　号		YT109	YT110	YT111	YT112	YT113	YT114

注:1. 敞开式 TBM 掘进时,定额中的内燃机车乘以 1.3。

　　2. 不足 5km 按 5km 计算。

T-1-11 胶带输送机出渣

适用范围:TBM 掘进,胶带输送机出渣。

工作内容:料斗进料、运输、卸于洞口。

单位:100m³

项 目	单位	隧洞开挖直径(m)			
		4	5	6	7
工 长	工时				
高 级 工	工时				
中 级 工	工时	8.9	7.0	5.7	4.6
初 级 工	工时	26.7	20.9	17.2	13.7
合 计	工时	35.6	27.9	22.9	18.3
零星材料费	%	1	1	1	1
胶带输送机	组时	4.63	3.26	2.56	1.95
推 土 机 59kW	台时	0.64	0.64	0.64	0.64
其他机械费	%	3	3	3	3
编 号		YT115	YT116	YT117	YT118

项 目	单位	隧洞开挖直径(m)		
		8	9	10
工 长	工时			
高 级 工	工时			
中 级 工	工时	3.9	3.4	3.3
初 级 工	工时	11.8	10.1	9.7
合 计	工时	15.7	13.5	13.0
零星材料费	%	1	1	1
胶带输送机	组时	1.60	1.32	1.17
推 土 机 59kW	台时	0.64	0.64	0.64
其他机械费	%	3	3	3
编 号		YT119	YT120	YT121

T-1-12　预制钢筋混凝土管片运输

适用范围:双护盾TBM开挖机车出渣时,洞外组车场至掘进机工作面的
　　　　　管片运输。

工作内容:起吊、行车配合、垫道木、装车、组车、运输、空回等。

单位:100m³

项　　　目	单位	隧洞开挖直径(m)					
		4~6		6~8		8~10	
		洞　　长　　(km)					
		5.0	增5.0	5.0	增5.0	5.0	增5.0
工　　　长	工时						
高　级　工	工时						
中　级　工	工时	59.8		40.1		28.7	
初　级　工	工时	149.4		100.2		71.7	
合　　　计	工时	209.2		140.3		100.4	
木　　　材	m³	0.46		0.40		0.35	
其他材料费	%	10		10		10	
龙门式起重机　5t	台时	14.94					
龙门式起重机　10t	台时			8.71		6.62	
内燃机车　132kW	台时	8.55	1.43				
内燃机车　176kW	台时			6.38	1.06		
内燃机车　220kW	台时					3.81	0.64
管　片　车　5t	台时	171.0	28.50				
管　片　车　10t	台时			119.7	19.95		
管　片　车　15t	台时					76.25	12.71
电瓶机车　5t	台时	19.61		16.34		13.45	
其他机械费	%	3		3		3	
编　　　号		YT122	YT123	YT124	YT125	YT126	YT127

注:不足5km按5km计算。

T-1-13 豆砾石及灌浆材料运输

适用范围:双护盾 TBM 开挖机车出渣时,工地豆砾石及灌浆材料存放场至掘进机工作面的运输。

工作内容:装车、行车配合、组车、运输等。

单位:100m³

项　　目	单位	隧洞开挖直径(m)					
		4~6		6~8		8~10	
		洞　长　(km)					
		5.0	增5.0	5.0	增5.0	5.0	增5.0
工　　长	工时						
高　级　工	工时						
中　级　工	工时	122.8		106.1		69.7	
初　级　工	工时	190.9		165.9		111.3	
合　　计	工时	313.7		272.0		181.0	
零星材料费	%	1		1		1	
装　载　机　1m³	台时	1.27		1.27		1.27	
推　土　机　74kW	台时	0.64		0.64		0.64	
内燃机车　132kW	台时	6.22	1.04				
内燃机车　176kW	台时			5.19	0.87		
内燃机车　220kW	台时					3.83	0.64
豆砾石车　6m³	台时	90.87	15.15				
豆砾石车　8m³	台时			67.50	11.25	71.82	11.97
水泥罐车　4t	台时	59.21	9.87				
水泥罐车　6t	台时			44.10	7.35	46.92	7.82
其他机械费	%	3		3		3	
编　　　号		YT128	YT129	YT130	YT131	YT132	YT133

注:不足5km按5km计算。

T-1-14　洞内混凝土运输

适用范围:敞开式TBM洞内混凝土运输。

工作内容:等装、等卸、重运、空回、清洗。

单位:100m³

项 目	单位	隧洞开挖直径(m)					
		4~6		6~8		8~10	
		洞　长　(km)					
		5.0	增5.0	5.0	增5.0	5.0	增5.0
工　　　长	工时	1.9		1.2		0.9	
高　级　工	工时	13.9		9.3		7.0	
中　级　工	工时	11.1		7.5		5.6	
初　级　工	工时	34.3		23.1		17.3	
合　　　计	工时	61.2		41.1		30.8	
零星材料费	%	2		2		2	
内 燃 机 车　88kW	台时	7.41	3.71				
内 燃 机 车　132kW	台时			4.99	2.49		
内 燃 机 车　176kW	台时					3.73	1.87
轨轮式混凝土搅拌运输车　4m³	台时	44.47	11.12				
轨轮式混凝土搅拌运输车　6m³	台时			29.92	7.48		
轨轮式混凝土搅拌运输车　8m³	台时					22.40	5.60
编　　　号		YT134	YT135	YT136	YT137	YT138	YT139

注:不足5km按5km计算。

T-2 盾构施工

T-2-1 盾构安装调试及拆除

（1）盾构安装调试

适用范围:盾构安装调试。

工作内容:起吊机械设备及盾构载运车就位,盾构吊入井底基座,盾构及
后配套台车安装调试。

单位:台次

项　　　　目	单位	隧洞开挖直径(m)			
		4	5	6	7
工　　　　长	工时	723.1	956.7	1102.4	1248.0
高　级　工	工时	1446.2	1913.5	2204.7	2496.0
中　级　工	工时	3615.6	4783.7	5511.8	6240.0
初　级　工	工时	1446.2	1913.5	2204.7	2496.0
合　　　　计	工时	7231.1	9567.4	11023.6	12480.0
型　　　　钢	kg	450.00	500.00	630.00	760.00
钢　板　（中厚）	kg	1550.00	2000.00	2100.00	2150.00
钢　　　　材	kg	780.00	800.00	840.00	920.00
钢　丝　绳	kg	120.00	150.00	170.00	190.00
木　　　　材	m³	2.56	2.99	3.20	3.46
橡　胶　板	kg	25.00	27.50	30.00	32.50
电　焊　条	kg	40.80	48.35	58.35	68.85
带　帽　螺栓	kg	160.00	210.00	260.00	310.00
其他材料费	%	5	5	5	5
汽车式起重机　25t	台时	86.94	92.40	97.20	108.00
汽车式起重机　50t	台时	144.00	168.00	180.00	192.00
汽车式起重机　100t	台时	32.40	36.60	40.80	45.00
汽车式起重机　200t	台时	32.40	36.60	40.80	45.00
龙门式起重机　30t	台时	132.00	149.00	166.00	183.00
卷扬机　单筒慢速10t	台时	151.20	172.80	194.40	214.80
电　焊　机　25kVA	台时	346.32	430.08	453.84	476.28
其他机械费	%	3	3	3	3
编　　　　号		YT140	YT141	YT142	YT143

项　　目	单位	隧洞开挖直径（m）			
		8	9	10	11
工　　长	工时	1462.4	1676.8	1891.2	2105.6
高　级　工	工时	2924.8	3353.6	3782.4	4211.2
中　级　工	工时	7312.0	8384.1	9456.1	10528.1
初　级　工	工时	2924.8	3353.6	3782.4	4211.2
合　　计	工时	14624.0	16768.1	18912.1	21056.1
型　　钢	kg	890.00	1020.00	1150.00	1280.00
钢　板　（中厚）	kg	2520.00	2890.00	3260.00	3630.00
钢　　材	kg	1000.00	1080.00	1160.00	1240.00
钢　丝　绳	kg	210.00	230.00	250.00	270.00
木　　材	m³	3.95	4.43	4.92	5.40
橡　胶　板	kg	35.00	37.50	40.00	42.50
电　焊　条	kg	81.77	94.70	107.62	120.54
带　帽　螺栓	kg	325.50	341.00	356.50	372.00
其他材料费	%	5	5	5	5
汽车式起重机　25t	台时	115.02	122.04	129.06	136.08
汽车式起重机　50t	台时	210.24	228.48	246.72	264.96
汽车式起重机　100t	台时	56.25	67.50	78.75	90.00
汽车式起重机　200t	台时	56.25	67.50	78.75	90.00
龙门式起重机　30t	台时	222.75	262.50	302.25	342.00
卷　扬　机　单筒慢速10t	台时	235.20	255.60	276.00	296.40
电　焊　机　25kVA	台时	546.72	617.16	687.60	758.04
其他机械费	%	3	3	3	3
编　　号		YT144	YT145	YT146	YT147

(2)盾构拆除

适用范围:盾构拆除。

工作内容:起吊设备及附属设备就位,拆除盾构与车架连杆,盾构吊出井口,上托架装车。

单位:台次

项 目	单位	隧洞开挖直径(m)			
		4	5	6	7
工 长	工时	486.9	644.6	739.1	832.0
高 级 工	工时	973.8	1289.2	1478.2	1664.0
中 级 工	工时	2434.5	3222.9	3695.5	4160.0
初 级 工	工时	973.8	1289.2	1478.2	1664.0
合 计	工时	4869.0	6445.9	7391.0	8320.0
型 钢	kg	320.00	350.00	440.00	530.00
钢 材	kg	620.00	640.00	670.00	740.00
钢 板 (中厚)	kg	860.00	1140.00	1200.00	1230.00
钢 丝 绳	kg	120.00	150.00	170.00	190.00
枕 木	m³	2.71	3.19	3.40	3.66
电 焊 条	kg	57.75	75.25	80.25	85.50
其他材料费	%	5	5	5	5
汽车式起重机 25t	台时	44.18	50.50	56.81	63.12
汽车式起重机 50t	台时	96.79	113.97	120.99	128.00
汽车式起重机 100t	台时	26.30	30.68	35.07	39.45
汽车式起重机 200t	台时	26.30	30.68	35.07	39.45
龙门式起重机 30t	台时	91.62	103.45	115.29	127.12
卷 扬 机 单筒慢速10t	台时	55.23	63.12	71.01	78.47
电 焊 机 25kVA	台时	126.51	157.11	165.79	174.03
其他机械费	%	3	3	3	3
编 号		YT148	YT149	YT150	YT151

项　　目	单位	隧洞开挖直径(m)			
		8	9	10	11
工　　长	工时	975.3	1118.6	1261.9	1405.2
高　级　工	工时	1950.6	2237.2	2523.8	2810.4
中　级　工	工时	4876.5	5593.0	6309.5	7026.0
初　级　工	工时	1950.6	2237.2	2523.8	2810.4
合　　计	工时	9753.0	11186.0	12619.0	14052.0
型　　钢	kg	620.00	710.00	800.00	890.00
钢　　材	kg	810.00	880.00	950.00	1020.00
钢　板（中厚）	kg	1455.00	1680.00	1905.00	2130.00
钢　丝　绳	kg	210.00	230.00	250.00	270.00
枕　　木	m³	4.19	4.71	5.24	5.76
电　焊　条	kg	102.75	120.00	137.25	154.50
其他材料费	%	5	5	5	5
汽车式起重机　25t	台时	67.23	71.33	75.43	79.54
汽车式起重机　50t	台时	140.40	152.79	165.19	177.59
汽车式起重机　100t	台时	49.32	59.18	69.04	78.90
汽车式起重机　200t	台时	49.32	59.18	69.04	78.90
龙门式起重机　30t	台时	154.78	182.44	210.10	237.76
卷　扬　机　单筒慢速10t	台时	85.92	93.37	100.82	108.27
电　焊　机　25kVA	台时	199.80	225.58	251.35	277.13
其他机械费	%	3	3	3	3
编　　　号		YT152	YT153	YT154	YT155

T-2-2　刀盘式土压平衡盾构掘进

适用范围:刀盘式土压平衡盾构掘进。

工作内容:操作盾构掘进、供气通风、测量、干式出土、维护等。

(1)负环段掘进

单位:100m³

项　　目	单位	隧洞开挖直径(m)			
		4	5	6	7
工　　长	工时	36.3	26.7	20.2	16.6
高　级　工	工时	72.6	53.4	40.5	33.3
中　级　工	工时	181.4	133.6	101.2	83.2
初　级　工	工时	72.6	53.4	40.5	33.3
合　　计	工时	362.9	267.1	202.4	166.4
混　凝　土　C20	m³	2.07	1.82	1.63	1.46
电　焊　条	kg	14.99	11.48	9.27	7.65
水	m³	217.36	197.37	188.39	182.09
锭　子　油　20#机油	kg	158.04	141.81	133.40	131.60
其他材料费	%	5	5	5	5
刀盘式土压平衡盾构机	台时	8.49	6.58	5.29	4.33
轴流通风机　2×55kW	台时	14.57	11.12	9.03	7.43
电　焊　机　25kVA	台时	7.49	5.74	4.64	3.83
空　压　机　电动6m³/min	台时	16.33	12.59	10.17	8.35
离心水泵　电动单级22kW	台时	17.46	13.38	10.82	8.91
其他机械费	%	1	1	1	1
编　　　号		YT156	YT157	YT158	YT159

项 目	单位	隧洞开挖直径(m)			
		8	9	10	11
工 长	工时	14.7	12.8	11.5	10.7
高 级 工	工时	29.5	25.6	23.1	21.5
中 级 工	工时	73.7	64.1	57.7	53.6
初 级 工	工时	29.5	25.6	23.1	21.5
合 计	工时	147.4	128.1	115.4	107.3
混凝土 C20	m³	1.27	1.08	0.89	0.69
电 焊 条	kg	6.73	5.80	4.87	3.95
水	m³	164.67	147.26	129.84	112.43
锭 子 油 20#机油	kg	129.39	115.74	102.09	88.44
其他材料费	%	5	5	5	5
刀盘式土压平衡盾构机	台时	3.60	3.04	2.60	2.25
轴流通风机 2×55kW	台时	6.53	5.63	4.73	3.83
电 焊 机 25kVA	台时	3.36	2.90	2.44	1.97
空 压 机 电动6m³/min	台时	7.34	6.33	5.32	4.31
离心水泵 电动单级22kW	台时	7.83	6.75	5.67	4.59
其他机械费	%	1	1	1	1
编 号		YT160	YT161	YT162	YT163

（2）出洞段掘进

项　目	单位	隧洞开挖直径（m）			
		4	5	6	7
工　　长	工时	18.2	12.7	9.3	8.0
高　级　工	工时	36.4	25.4	18.5	16.0
中　级　工	工时	90.9	63.5	46.3	39.9
初　级　工	工时	36.4	25.4	18.5	16.0
合　　计	工时	181.9	127.0	92.6	79.9
电　焊　条	kg	7.28	5.61	4.48	3.64
水	m³	217.36	207.59	171.69	152.06
锭　子　油　20#机油	kg	156.37	139.67	138.61	136.49
油　　脂	kg	141.32	113.43	94.37	81.09
其他材料费	%	5	5	5	5
刀盘式土压平衡盾构机	台时	16.62	12.80	10.23	8.36
轴流通风机　2×55kW	台时	14.25	10.89	8.71	7.17
离心水泵　电动单级22kW	台时	16.94	13.02	10.45	8.57
电　焊　机　25kVA	台时	3.64	2.81	2.24	1.82
其他机械费	%	1	1	1	1
编　　号		YT164	YT165	YT166	YT167

项　　目	单位	隧洞开挖直径(m)			
		8	9	10	11
工　　长	工时	7.1	6.2	5.6	5.2
高　级　工	工时	14.2	12.4	11.2	10.5
中　级　工	工时	35.5	31.0	28.0	26.2
初　级　工	工时	14.2	12.4	11.2	10.5
合　　计	工时	71.0	62.0	56.0	52.4
电　焊　条	kg	3.21	2.79	2.37	1.95
水	m³	121.48	90.90	60.32	29.74
锭　子　油　20#机油	kg	123.95	111.41	98.88	86.34
油　　脂	kg	73.69	66.30	58.91	51.51
其他材料费	%	5	5	5	5
刀盘式土压平衡盾构机	台时	7.01	5.95	5.09	4.44
轴流通风机　2×55kW	台时	6.32	5.47	4.63	3.78
离心水泵　电动单级22kW	台时	7.56	6.55	5.54	4.53
电　焊　机　25kVA	台时	1.61	1.40	1.19	0.98
其他机械费	%	1	1	1	1
编　　号		YT168	YT169	YT170	YT171

(3)正常段掘进

项　　目	单位	隧洞开挖直径(m)			
		4	5	6	7
工　　长	工时	9.9	6.9	5.5	4.5
高 级 工	工时	19.7	13.7	10.9	8.9
中 级 工	工时	49.3	34.3	27.4	22.3
初 级 工	工时	19.7	13.7	10.9	8.9
合　　计	工时	98.6	68.6	54.7	44.6
电 焊 条	kg	4.00	3.12	2.49	2.04
水	m³	112.90	109.15	90.30	83.53
锭 子 油 20#机油	kg	81.93	73.32	73.21	71.33
油　　脂	kg	141.32	113.43	94.37	81.09
其他材料费	%	5	5	5	5
刀盘式土压平衡盾构机	台时	9.17	7.09	5.66	4.62
轴流通风机　2×55kW	台时	15.56	12.05	9.65	7.89
离 心 水 泵　电动单级22kW	台时	9.34	7.21	5.82	4.73
电 焊 机　25kVA	台时	2.00	1.56	1.24	1.02
其他机械费	%	1	1	1	1
编　　号		YT172	YT173	YT174	YT175

项 目	单位	隧洞开挖直径（m）			
		8	9	10	11
工　　长	工时	4.0	3.5	3.0	2.5
高　级　工	工时	8.0	7.0	6.0	5.0
中　级　工	工时	19.9	17.4	15.0	12.5
初　级　工	工时	8.0	7.0	6.0	5.0
合　　计	工时	39.9	34.9	30.0	25.0
电　焊　条	kg	1.73	1.43	1.13	0.83
水	m³	75.31	67.08	58.85	50.63
锭　子　油　20#机油	kg	67.70	60.31	52.93	45.54
油　　脂	kg	73.69	66.30	58.91	51.51
其他材料费	%	5	5	5	5
刀盘式土压平衡盾构机	台时	3.87	3.29	2.84	2.43
轴流通风机　2×55kW	台时	6.73	5.56	4.39	3.23
离心水泵　电动单级22kW	台时	4.03	3.33	2.63	1.93
电　焊　机　25kVA	台时	0.87	0.72	0.57	0.41
其他机械费	%	1	1	1	1
编　　号		YT176	YT177	YT178	YT179

(4)进洞段掘进

项　　目	单位	隧洞开挖直径(m)			
		4	5	6	7
工　　长	工时	12.4	8.7	6.3	5.6
高　级　工	工时	24.8	17.3	12.6	11.2
中　级　工	工时	62.1	43.3	31.5	27.9
初　级　工	工时	24.8	17.3	12.6	11.2
合　　计	工时	124.1	86.6	63.0	55.9
电　焊　条	kg	5.11	3.97	3.16	2.55
水	m³	143.79	139.67	115.00	105.11
锭　子　油　20#机油	kg	105.33	94.62	93.28	89.73
油　　脂	kg	141.32	113.43	94.37	81.09
其他材料费	%	5	5	5	5
刀盘式土压平衡盾构机	台时	11.63	8.98	7.18	5.81
轴流通风机　2×55kW	台时	19.82	15.48	12.20	9.87
离心水泵　电动单级22kW	台时	11.79	9.22	7.34	5.91
电　焊　机　25kVA	台时	2.56	1.99	1.58	1.27
其他机械费	%	1	1	1	1
编　　号		YT180	YT181	YT182	YT183

项　目	单位	隧洞开挖直径(m)			
		8	9	10	11
工　　长	工时	4.9	4.3	3.8	3.6
高　级　工	工时	9.8	8.5	7.6	7.1
中　级　工	工时	24.6	21.3	19.1	17.8
初　级　工	工时	9.8	8.5	7.6	7.1
合　　计	工时	49.1	42.6	38.1	35.6
电　焊　条	kg	2.24	1.92	1.61	1.30
水	m³	95.06	85.00	74.95	64.89
锭　子　油　20#机油	kg	85.43	76.41	67.39	58.37
油　　脂	kg	73.69	66.30	58.91	51.51
其他材料费	%	5	5	5	5
刀盘式土压平衡盾构机	台时	4.79	4.03	3.43	2.96
轴流通风机　2×55kW	台时	8.66	7.45	6.24	5.03
离心水泵　电动单级22kW	台时	5.19	4.46	3.73	3.01
电　焊　机　25kVA	台时	1.12	0.96	0.81	0.65
其他机械费	%	1	1	1	1
编　　号		YT184	YT185	YT186	YT187

T-2-3　刀盘式泥水平衡盾构掘进

适用范围:刀盘式泥水平衡盾构掘进。

工作内容:操作盾构掘进、供气通风、测量、水力出土、维护等。

(1)负环段掘进

单位:100m³

项　　目	单位	隧洞开挖直径(m)			
		4	5	6	7
工　　长	工时	41.4	28.5	22.6	15.0
高　级　工	工时	82.8	57.0	45.1	30.0
中　级　工	工时	207.0	142.5	112.8	75.0
初　级　工	工时	82.8	57.0	45.1	30.0
合　　计	工时	414.0	285.0	225.6	150.0
混　凝　土　C20	m³	2.07	1.82	1.63	1.46
电　焊　条	kg	14.20	11.18	9.05	7.65
锭　子　油　20#机油	kg	211.54	175.49	161.64	128.84
其他材料费	%	5	5	5	5
刀盘式泥水平衡盾构机	台时	8.14	6.36	5.16	4.35
泥水处理系统	组时	8.14	6.36	5.16	4.35
轴流通风机　2×55kW	台时	13.81	10.84	8.82	7.41
离心水泵　电动单级22kW	台时	16.52	12.99	10.52	8.91
电　焊　机　25kVA	台时	7.10	5.59	4.52	3.82
空　压　机　电动6m³/min	台时	15.53	12.18	9.93	8.34
其他机械费	%	1	1	1	1
编　　号		YT188	YT189	YT190	YT191

项　　目	单位	隧洞开挖直径（m）			
		8	9	10	11
工　　长	工时	13.4	11.8	10.8	10.2
高　级　工	工时	26.8	23.7	21.6	20.3
中　级　工	工时	66.9	59.1	54.0	50.8
初　级　工	工时	26.8	23.7	21.6	20.3
合　　计	工时	133.9	118.3	108.0	101.6
混　凝　土　C20	m³	1.16	0.96	0.81	0.69
电　焊　条	kg	6.81	5.97	5.13	4.29
锭　子　油　20#机油	kg	124.25	118.40	112.29	106.34
其他材料费	%	5	5	5	5
刀盘式泥水平衡盾构机	台时	3.68	3.16	2.76	2.44
泥水处理系统	组时	3.68	3.16	2.76	2.44
轴流通风机　2×55kW	台时	6.60	5.79	4.98	4.17
离心水泵　电动单级22kW	台时	7.93	6.95	5.97	4.99
电　焊　机　25kVA	台时	3.40	2.98	2.56	2.14
空　压　机　电动6m³/min	台时	7.43	6.52	5.61	4.69
其他机械费	%	1	1	1	1
编　　号		YT192	YT193	YT194	YT195

(2)出洞段掘进

单位:100m³

项 目	单位	隧洞开挖直径(m)			
		4	5	6	7
工 长	工时	18.5	13.2	10.8	8.7
高 级 工	工时	37.1	26.5	21.6	17.4
中 级 工	工时	92.7	66.2	53.9	43.5
初 级 工	工时	37.1	26.5	21.6	17.4
合 计	工时	185.4	132.4	107.9	87.0
电 焊 条	kg	7.57	5.93	4.77	3.94
锭 子 油 20#机油	kg	172.21	154.09	153.08	126.11
油 脂	kg	141.32	113.43	94.37	81.09
其他材料费	%	5	5	5	5
刀盘式泥水平衡盾构机	台时	17.28	13.44	10.83	8.99
泥水处理系统	组时	17.28	13.44	10.83	8.99
轴流通风机 2×55kW	台时	14.75	11.50	9.23	7.67
离心水泵 电动单级22kW	台时	35.30	27.52	22.18	18.33
电 焊 机 25kVA	台时	3.78	2.97	2.38	1.97
其他机械费	%	1	1	1	1
编 号		YT196	YT197	YT198	YT199

项　　目	单位	隧洞开挖直径（m）			
		8	9	10	11
工　　长	工时	7.4	6.1	5.3	4.6
高　级　工	工时	14.7	12.3	10.5	9.2
中　级　工	工时	36.8	30.7	26.3	23.1
初　级　工	工时	14.7	12.3	10.5	9.2
合　　计	工时	73.6	61.4	52.6	46.1
电　焊　条	kg	3.50	3.06	2.62	2.18
锭子油 20#机油	kg	118.71	111.31	103.91	96.51
油　　脂	kg	73.69	66.30	58.91	51.51
其他材料费	%	5	5	5	5
刀盘式泥水平衡盾构机	台时	7.58	6.48	5.63	4.94
泥水处理系统	组时	7.58	6.48	5.63	4.94
轴流通风机　2×55kW	台时	6.80	5.94	5.08	4.22
离心水泵　电动单级22kW	台时	16.28	14.23	12.18	10.13
电　焊　机　25kVA	台时	1.75	1.53	1.31	1.09
其他机械费	%	1	1	1	1
编　　号		YT200	YT201	YT202	YT203

(3)正常段掘进

单位:100m³

项 目	单位	隧洞开挖直径(m)			
		4	5	6	7
工 长	工时	7.9	5.6	4.6	3.7
高 级 工	工时	15.9	11.3	9.1	7.3
中 级 工	工时	39.7	28.1	22.8	18.3
初 级 工	工时	15.9	11.3	9.1	7.3
合 计	工时	79.4	56.3	45.6	36.6
电 焊 条	kg	3.56	2.55	2.07	1.66
锭 子 油 20#机油	kg	71.10	63.69	62.81	60.89
油 脂	kg	141.32	113.43	94.37	81.09
其他材料费	%	5	5	5	5
刀盘式泥水平衡盾构机	台时	7.32	5.71	4.58	3.78
泥水处理系统	组时	7.32	5.71	4.58	3.78
轴流通风机 2×55kW	台时	14.04	9.86	8.04	6.42
离 心 水 泵 电动单级22kW	台时	16.78	11.76	9.67	7.72
电 焊 机 25kVA	台时	1.78	1.28	1.04	0.83
其他机械费	%	1	1	1	1
编 号		YT204	YT205	YT206	YT207

项　　目	单位	隧洞开挖直径（m）			
		8	9	10	11
工　　长	工时	3.1	2.6	2.2	1.9
高　级　工	工时	6.2	5.1	4.4	3.8
中　级　工	工时	15.4	12.8	10.9	9.6
初　级　工	工时	6.2	5.1	4.4	3.8
合　　计	工时	30.9	25.6	21.9	19.1
电　焊　条	kg	1.46	1.26	1.07	0.87
锭 子 油 20#机油	kg	55.56	50.23	44.90	39.57
油　　脂	kg	73.69	66.30	58.91	51.51
其他材料费	%	5	5	5	5
刀盘式泥水平衡盾构机	台时	3.16	2.68	2.30	1.98
泥水处理系统	组时	3.16	2.68	2.30	1.98
轴流通风机　2×55kW	台时	5.24	4.06	2.87	1.69
离心水泵　电动单级 22kW	台时	6.80	5.88	4.96	4.04
电　焊　机　25kVA	台时	0.73	0.63	0.53	0.44
其他机械费	%	1	1	1	1
编　　　　号		YT208	YT209	YT210	YT211

(4) 进洞段掘进

单位:100m³

项 目	单位	隧洞开挖直径(m)			
		4	5	6	7
工 长	工时	14.5	10.3	8.3	6.8
高 级 工	工时	29.0	20.5	16.6	13.6
中 级 工	工时	72.6	51.3	41.5	33.9
初 级 工	工时	29.0	20.5	16.6	13.6
合 计	工时	145.1	102.6	83.0	67.9
电 焊 条	kg	5.97	4.65	3.73	3.13
锭 子 油 20#机油	kg	133.76	119.85	117.06	86.26
油 脂	kg	141.32	113.43	94.37	81.09
其他材料费	%	5	5	5	5
刀盘式泥水平衡盾构机	台时	13.56	10.54	8.51	7.10
泥水处理系统	组时	13.56	10.54	8.51	7.10
轴流通风机 2×55kW	台时	23.20	18.03	14.55	12.12
离 心 水 泵 电动单级22kW	台时	27.72	21.62	17.39	14.50
电 焊 机 25kVA	台时	2.98	2.32	1.87	1.56
其他机械费	%	1	1	1	1
编 号		YT212	YT213	YT214	YT215

项　目	单位	隧洞开挖直径(m)			
		8	9	10	11
工　　长	工时	5.7	4.8	4.1	3.6
高　级　工	工时	11.4	9.5	8.2	7.1
中　级　工	工时	28.6	23.8	20.4	17.9
初　级　工	工时	11.4	9.5	8.2	7.1
合　　计	工时	57.1	47.6	40.9	35.7
电　焊　条	kg	2.77	2.42	2.07	1.71
锭　子　油　20#机油	kg	83.30	80.33	77.37	74.40
油　　脂	kg	73.69	66.30	58.91	51.51
其他材料费	%	5	5	5	5
刀盘式泥水平衡盾构机	台时	5.98	5.11	4.44	3.90
泥水处理系统	组时	5.98	5.11	4.44	3.90
轴流通风机　2×55kW	台时	9.92	7.72	5.52	3.33
离心水泵　电动单级22kW	台时	12.87	11.23	9.59	7.96
电　焊　机　25kVA	台时	1.39	1.21	1.03	0.86
其他机械费	%	1	1	1	1
编　　　号		YT216	YT217	YT218	YT219

T-2-4 预制钢筋混凝土管片安装

适用范围:盾构掘进,预制钢筋混凝土管片安装。

工作内容:管片盾构吊运、就位、校准、安装,测量。

单位:100m³

项　　　目	单位	隧洞开挖直径(m)			
		4	5	6	7
工　　　长	工时	53.4	48.0	44.4	40.1
高　级　工	工时	106.8	95.9	88.8	80.3
中　级　工	工时	267.1	239.8	222.2	200.7
初　级　工	工时	106.8	95.9	88.8	80.3
合　　　计	工时	534.1	479.6	444.2	401.4
预制钢筋混凝土管片	m³	(101.00)	(101.00)	(101.00)	(101.00)
管片连接螺栓	kg	1319.00	1463.82	1602.31	1758.70
其他材料费	%	1	1	1	1
管片吊运安装系统	台时	39.77	37.44	36.21	33.02
其他机械费	%	5	5	5	5
编　　　号		YT220	YT221	YT222	YT223

项 目	单位	隧洞开挖直径(m)			
		8	9	10	11
工 长	工时	39.6	39.0	38.4	37.8
高 级 工	工时	79.1	78.0	76.8	75.6
中 级 工	工时	197.8	194.9	191.9	189.0
初 级 工	工时	79.1	78.0	76.8	75.6
合 计	工时	395.6	389.9	383.9	378.0
预制钢筋混凝土管片	m³	(101.00)	(101.00)	(101.00)	(101.00)
管片连接螺栓	kg	1915.10	2071.49	2227.88	2384.28
其他材料费	%	1	1	1	1
管片吊运安装系统	台时	30.57	28.11	25.66	23.20
其他机械费	%	5	5	5	5
编 号		YT224	YT225	YT226	YT227

T-2-5　壁后注浆

适用范围:盾构掘进,盾尾同步注浆。

工作内容:制浆、运浆,盾尾同步注浆,补注浆,封堵、清洗。

单位:100m³

项　　目	单位	浆液种类		
		石膏、粉煤灰	石膏、黏土、粉煤灰	水泥、粉煤灰
工　　　长	工时	48.9	48.1	47.1
高　级　工	工时	97.8	96.2	94.2
中　级　工	工时	195.6	192.4	188.4
初　级　工	工时	146.7	144.3	141.3
合　　　计	工时	489.0	481.0	471.0
水　　泥　42.5	t			16.10
粉　煤　灰	t	89.80	77.20	92.70
水　玻　璃	kg		1270.00	
膨　润　土	kg			3310.00
黏　　　土	m³		3.00	
石　灰　膏	m³	12.40	9.90	
微　沫　剂	kg	12.60		10.00
高压皮龙管　Φ150mm×3m	根	0.40	0.40	0.40
盖　　堵　≤Φ75mm	个	3.60	3.60	3.60
钢　　　材	kg	119.80	119.80	119.80
其他材料费	%	6	6	6
电动卷扬机　单筒慢速3t	台时	47.25	47.25	47.25
灰浆搅拌机　200L	台时	66.15	66.15	66.15
盾构同步注浆系统	台时	31.50	31.50	31.50
其他机械费	%	5	5	5
编　　　号		YT228	YT229	YT230

T-2-6　洞口柔性接缝环

（1）临时阶段

适用范围:盾构掘进,洞口柔性接缝环。

工作内容:临时防水环板:盾构出洞后接缝处淤泥清理,钢板环圈定位、
　　　　　焊接、预留压浆孔;

　　　　　临时止水缝:洞口安装止水带及防水圈,环板安装后堵压,防
　　　　　水材料封堵。

项　　目	单位	临时防水环板(t)	临时止水缝(m)
工　　长	工时	12.7	3.6
高　级　工	工时	25.3	7.2
中　级　工	工时	63.4	17.9
初　级　工	工时	25.3	7.2
合　　计	工时	126.7	35.9
钢　板(中厚)	kg	4.77	
带帽螺栓	kg	4.66	1.31
枕　　木	m³	0.07	
水　泥 42.5	t		0.09
粗　　砂	m³		0.09
帘布橡胶条	kg		4.33
聚氨酯黏合剂	kg		19.98
聚氨酯泡沫塑料	kg		29.53
压浆孔螺丝	个	12.12	
电　焊　条	kg	32.34	
其他材料费	%	5	5
龙门式起重机 10t	台时	23.04	2.58
灌浆泵 中低压泥浆	台时		2.82
电　焊　机 25kVA	台时	54.90	
其他机械费	%	3	3
编　　号		YT231	YT232

(2)正式阶段

适用范围:盾构掘进,洞口柔性接缝环。

工作内容:拆除临时钢环板:钢环板环圈切割,吊装堆放;

拆除洞口环管片:拆除连接螺栓,吊车配合拆除管片,凿除涂料,壁面清洗;

安装钢环板:钢环板分块吊装,焊接固定;

柔性接缝环:包括壁内刷涂料,安放内外止水带,压乳胶水泥。

项 目	单位	拆除临时钢环板(t)	拆除洞口环管片(m³)	安装钢环板(t)	柔性接缝环(m)
工 长	工时	10.1	11.0	15.2	6.2
高 级 工	工时	20.3	22.1	30.4	12.3
中 级 工	工时	50.7	55.1	76.0	30.8
初 级 工	工时	20.3	22.1	30.4	12.3
合 计	工时	101.4	110.3	152.0	61.6
带帽螺栓	kg			31.03	
枕 木	m³	0.05		0.08	
压浆孔螺丝	个			6.00	
型 钢	kg	1.62			
电 焊 条	kg	3.93	1.65	91.76	
环氧树脂	kg				0.74
乳胶水泥	kg				78.12
外防水氯丁酚醛胶	kg				10.16
内防水橡胶止水带	m				1.05
氯丁橡胶	kg				0.40
结皮海绵橡胶板	kg				28.25
焦油聚氨酯涂料	kg				2.52
聚苯乙烯硬泡沫塑料	m³				0.06
水膨胀橡胶圈	个			128.00	
螺栓套管	个			128.00	
其他材料费	%	5	5	5	5
龙门式起重机 10t	台时	18.42	10.02	27.66	5.64
灌 浆 泵 中低压泥浆	台时				6.24
电 焊 机 25kVA	台时	6.42	11.94	65.88	
卷 扬 机 单筒慢速 10t	台时		22.26		
空压机 电动移动式 0.6m³/min	台时		5.58		
其他机械费	%	3	3	3	3
编 号		YT233	YT234	YT235	YT236

（3）洞口混凝土环圈

适用范围:盾构掘进,洞口混凝土环圈。

工作内容:配模,立模,拆模,钢筋制作、绑扎,洞口环圈混凝土浇捣、养护。

单位:m³

项　　　目	单位	数　　　量
工　　　长	工时	7.5
高　级　工	工时	14.9
中　级　工	工时	37.3
初　级　工	工时	14.9
合　　　计	工时	74.6
混　凝　土　C25	m³	1.02
电　焊　条	kg	1.38
板　枋　材	m³	0.11
钢　　　筋	t	0.25
其他材料费	%	5
龙门式起重机　10t	台时	6.76
轴流通风机　7.5kW	台时	6.20
电　焊　机　25kVA	台时	1.97
其他机械费	%	3
混凝土拌制	m³	1.02
混凝土运输	m³	1.02
编　　　号		YT237

T-2-7 负环管片拆除

适用范围:盾构掘进,负环管片拆除。

工作内容:拆除后盾钢支撑、清除污泥杂物、拆除井内轨道、凿除后靠混凝土、切割连接螺栓、管片吊出井口。

单位:m

项 目	单位	隧洞开挖直径(m)			
		4	5	6	7
工 长	工时	16.5	19.1	29.5	39.9
高 级 工	工时	33.0	38.1	59.0	79.9
中 级 工	工时	82.5	95.4	147.5	199.7
初 级 工	工时	33.0	38.1	59.0	79.9
合 计	工时	165.0	190.7	295.0	399.4
钢 支 撑	kg	5.46	5.65	5.78	5.90
电 焊 条	kg	3.77	3.81	3.85	3.89
氧 气	m³	2.70	2.75	2.81	2.86
乙 炔 气	m³	0.90	0.92	0.94	0.95
其他材料费	%	5	5	5	5
履带式起重机 15t	台时	5.82	6.78	8.64	10.44
电 焊 机 25kVA	台时	6.96	8.04	10.26	12.42
空 压 机 电动0.6m³/min	台时	4.20	4.92	6.24	7.56
其他机械费	%	3	3	3	3
编 号		YT238	YT239	YT240	YT241

项　　目	单位	隧洞开挖直径(m)			
		8	9	10	11
工　　长	工时	50.7	61.5	72.4	83.2
高　级　工	工时	101.5	123.1	144.7	166.3
中　级　工	工时	253.7	307.7	361.8	415.8
初　级　工	工时	101.5	123.1	144.7	166.3
合　　计	工时	507.4	615.4	723.6	831.6
钢　支　撑	kg	5.94	5.97	6.01	6.04
电　焊　条	kg	3.92	3.95	3.97	4.00
氧　　气	m³	3.14	3.41	3.69	3.96
乙　炔　气	m³	1.04	1.14	1.23	1.32
其他材料费	%	5	5	5	5
履带式起重机　15t	台时	11.61	12.78	13.95	15.12
电　焊　机　25kVA	台时	13.82	15.21	16.61	18.00
空　压　机　电动0.6m³/min	台时	8.45	9.33	10.22	11.10
其他机械费	%	3	3	3	3
编　　号		YT242	YT243	YT244	YT245

T-2-8 洞内渣土运输

(1)刀盘式土压平衡盾构

适用范围:刀盘式土压平衡盾构掘进,洞内渣土运输。

工作内容:洞内装载、运输、卸除、空回。

单位:100m³

项 目	单位	隧洞开挖直径(m)					
		4~6		6~9		9~11	
		洞长1km	增200m	洞长1km	增200m	洞长1km	增200m
工 长	工时						
高 级 工	工时						
中 级 工	工时						
初 级 工	工时	67.7		24.9		13.9	
合 计	工时	67.7		24.9		13.9	
零星材料费	%	1		1		1	
龙门式起重机 15t	台时	5.14					
龙门式起重机 30t	台时			2.63		2.63	
电瓶机车 8t	台时	17.34	0.27				
电瓶机车 12t	台时			7.18	0.17		
电瓶机车 18t	台时					5.63	0.14
平 车 10t	台时	52.02	0.81				
平 车 20t	台时			14.36	0.34	16.89	0.42
其他机械费	%	3		3		3	
编 号		YT246	YT247	YT248	YT249	YT250	YT251

注:运距按洞内外之和计算。

（2）刀盘式泥水平衡盾构

适用范围:刀盘式泥水平衡盾构掘进,洞内渣土排运。

工作内容:排泥泵排泥、管路维护。

单位:100m³

项　　　目	单位	隧洞开挖直径4m		隧洞开挖直径5m		隧洞开挖直径6m	
		排泥管线长度(m)					
		500	增排500	500	增排500	500	增排500
工　　　长	工时						
高　级　工	工时						
中　级　工	工时						
初　级　工	工时	17.1		13.9		11.3	
合　　　计	工时	17.1		13.9		11.3	
零星材料费	%	1		1		1	
排　泥　泵　110kW	台时	12.82	6.41				
排　泥　泵　132kW	台时			10.46	5.23		
排　泥　泵　160kW	台时					8.52	4.26
其他机械费	%	3		3		3	
编　　　号		YT252	YT253	YT254	YT255	YT256	YT257

注:排泥管线长度按洞内洞外之和计算。

项 目	单位	隧洞开挖直径7m		隧洞开挖直径8m		隧洞开挖直径9m	
		排泥管线长度(m)					
		500	增排500	500	增排500	500	增排500
工 长	工时						
高 级 工	工时						
中 级 工	工时						
初 级 工	工时	9.9		9.3		8.6	
合 计	工时	9.9		9.3		8.6	
零星材料费	%	1		1		1	
排 泥 泵 185kW	台时	7.48	3.74				
排 泥 泵 200kW	台时			6.98	3.49		
排 泥 泵 215kW	台时					6.50	3.25
其他机械费	%	3		3		3	
编 号		YT258	YT259	YT260	YT261	YT262	YT263

项 目	单位	隧洞开挖直径10m		隧洞开挖直径11m	
		排泥管线长度(m)			
		500	增排500	500	增排500
工 长	工时				
高 级 工	工时				
中 级 工	工时				
初 级 工	工时	8.0		7.3	
合 计	工时	8.0		7.3	
零星材料费	%	1		1	
排 泥 泵 230kW	台时	6.00	3.00		
排 泥 泵 250kW	台时			5.50	2.75
其他机械费	%	3		3	
编 号		YT264	YT265	YT266	YT267

T-2-9　预制钢筋混凝土管片运输

适用范围:盾构掘进,预制钢筋混凝土管片场内运输。

工作内容:起吊、行车配合、装车、垫木、运输等。

单位:100m³

项 目	单位	隧洞开挖直径(m)					
		4~6		6~9		9~11	
		洞长1km	增200m	洞长1km	增200m	洞长1km	增200m
工　　长	工时						
高　级　工	工时						
中　级　工	工时						
初　级　工	工时	80.5		29.6		16.6	
合　　计	工时	80.5		29.6		16.6	
零星材料费	%	1		1		1	
龙门式起重机　15t	台时	29.46					
龙门式起重机　30t	台时			14.03		5.61	
电瓶机车　8t	台时	38.89	0.98				
电瓶机车　12t	台时			18.12	0.46		
电瓶机车　18t	台时					7.47	0.19
平　　车　10t	台时	116.67	2.94				
平　　车　20t	台时			54.36	1.38	22.41	0.57
其他机械费	%	3		3		3	
编　　号		YT268	YT269	YT270	YT271	YT272	YT273

T-3　其　他

T-3-1 预制钢筋混凝土管片

（1）管片预制

适用范围：掘进机掘进，钢筋混凝土管片预制。

工作内容：钢筋笼就位，皮带机运混凝土，混凝土浇捣、蒸汽养护，预制厂室内外运输堆放，模具拆卸清理、刷油，测量检验，质量检查等。

单位：100m³

项　　目	单位	隧洞开挖直径（m）			
		4	5	6	7
工　　　　长	工时	58.4	56.0	47.5	44.8
高　级　工	工时	175.3	168.1	142.4	134.5
中　级　工	工时	379.9	364.1	308.6	291.5
初　级　工	工时	1081.2	1036.4	878.2	829.7
合　　　计	工时	1694.8	1624.6	1376.7	1300.5
混　凝　土	m³	102.00	102.00	102.00	102.00
脱　模　剂	kg	122.58	122.05	102.06	96.04
垫　　木	m³	0.59	0.46	0.43	0.40
铁　　件	kg	12.00	12.00	12.00	12.00
其他材料费	%	5	5	5	5
复合式管片模具	台时	207.79	149.39	126.59	103.52
管片蒸汽养护输送系统	台时	15.58	14.94	11.33	10.29
内燃叉车　6t	台时	17.32	16.43		
内燃叉车　10t	台时			11.33	10.78
桥式起重机　双梁5t	台时	17.32	16.43		
桥式起重机　双梁10t	台时	17.32	16.43	13.97	13.43
桥式起重机　双梁15t	台时			13.97	13.43
汽车起重机　8t	台时	8.79	8.59	8.24	
汽车起重机　16t	台时				6.11
载重汽车　10t	台时	20.22	19.23	18.13	
载重汽车　15t	台时				13.61
电动葫芦　5t	台时	36.36	35.85	31.65	29.41
工业锅炉　4t	台时	24.24	22.41	21.10	19.61
胶带输送机　固定式	组时	12.12	11.95	10.55	9.80
其他机械费	%	5	5	5	5
混凝土拌制	m³	102	102	102	102
编　　　号		YT274	YT275	YT276	YT277

项　　目	单位	隧洞开挖直径（m）			
		8	9	10	11
工　　长	工时	42.7	40.3	38.0	36.7
高　级　工	工时	128.0	121.0	113.9	110.2
中　级　工	工时	277.3	262.2	246.8	238.8
初　级　工	工时	789.3	746.4	702.5	679.6
合　　计	工时	1237.3	1169.9	1101.2	1065.3
混　凝　土	m³	102.00	102.00	102.00	102.00
脱　模　剂	kg	76.64	61.17	55.68	49.65
垫　　木	m³	0.37	0.35	0.32	0.30
铁　　件	kg	12.00	12.00	12.00	12.00
其他材料费	%	5	5	5	5
复合式管片模具	台时	61.85	48.88	42.41	37.78
管片蒸汽养护输送系统	台时	10.20	7.59	7.50	7.00
内燃叉车　14t	台时	6.91	6.46	6.06	5.60
桥式起重机　双梁15t	台时	6.91	6.46	6.06	5.60
桥式起重机　双梁20t	台时	6.91	6.46	6.06	5.60
汽车起重机　16t	台时	6.03	6.01	5.76	5.32
载重汽车　15t	台时	13.42	12.99	12.43	11.80
电动葫芦　5t	台时	28.88	27.81	27.00	26.30
工业锅炉　6t	台时	12.25	11.92	11.25	10.92
胶带输送机　固定式	组时	9.19	8.94	8.63	8.30
其他机械费	%	5	5	5	5
混凝土拌制	m³	102	102	102	102
编　　号		YT278	YT279	YT280	YT281

注：胶带输送机为混凝土运输机械。

（2）管片钢筋制作及安装

适用范围：掘进机掘进，钢筋混凝土管片预制。

工作内容：回直、除锈、切断、弯制、焊接、绑扎、就近堆放。

单位：t

项　　　目	单位	数　　　量
工　　　长	工时	1.3
高　级　工	工时	3.8
中　级　工	工时	17.6
初　级　工	工时	27.6
合　　　计	工时	50.3
钢　　　筋	t	1.02
电　焊　条	kg	7.36
铁　　　丝	kg	8.00
其他材料费	%	1
钢筋调直机　4～14kW	台时	0.88
钢筋切断机　7kW	台时	1.76
钢筋弯曲机　Φ6～40mm	台时	1.76
电　焊　机　直流30kW	台时	8.36
对　焊　机　电弧型150kVA	台时	0.31
风　砂　枪	台时	1.88
电　动　葫芦　3t	台时	2.13
汽车起重机　10t	台时	0.13
载重汽车　5t	台时	0.25
内燃叉车　6t	台时	0.25
胶　轮　车	台时	1.00
其他机械费	%	2
编　　　号		YT282

(3)搅拌站拌制混凝土

适用范围:预制钢筋混凝土管片搅拌站拌制混凝土。

工作内容:进料、加水、加外加剂、拌和、出料。

单位:100m^3

项　　目	单位	搅拌站容量(m^3)	
		50	60
工　　长	工时		
高　级　工	工时		
中　级　工	工时	3.1	2.6
初　级　工	工时	12.3	10.3
合　　计	工时	15.4	12.9
零星材料费	%	5	5
搅　拌　站	台时	3.08	2.57
骨　料　系　统	组时	3.08	2.57
水　泥　系　统	组时	3.08	2.57
编　　　号		YT283	YT284

T-3-2　管片止水

适用范围:混凝土管片止水。

工作内容:管片止水槽表面清理;涂刷黏结剂,粘贴止水条等。

单位:100m

项　　目	单位	数　　量
工　　长	工时	5.4
高　级　工	工时	10.9
中　级　工	工时	21.8
初　级　工	工时	16.3
合　　计	工时	54.4
止　水　条	m	105.00
氯丁黏结剂	kg	4.90
其他材料费	%	2
编　　号		YT285

T-3-3 管片嵌缝

适用范围:混凝土管片嵌缝。

工作内容:管片嵌缝槽表面处理、配料、嵌缝;管片缺陷修补等。

单位:100m

项　　　目	单位	数　　量
工　　长	工时	8.9
高　级　工	工时	17.8
中　级　工	工时	35.6
初　级　工	工时	26.7
合　　计	工时	89.0
双组份聚硫密封胶	kg	94.50
环 氧 树 脂　E44	kg	4.24
固 化 剂　T31	kg	1.27
增 韧 剂　650 号	kg	1.27
稀 释 剂　501 号	kg	0.85
耦 联 剂　南大 2 号	kg	0.08
石　英　粉	kg	33.91
铸　石　粉	kg	42.38
其他材料费	%	2
编　　　号		YT286

水利工程隧洞掘进机施工
概 算 定 额

说　明

一、本定额包括全断面岩石掘进机(以下简称 TBM)施工、盾构施工和其他三大部分定额共 26 节。其中 TBM 施工定额包括 TBM 安装调试及拆除、敞开式及双护盾 TBM 掘进、管片安装、豆砾石回填及灌浆、钢拱架安装、喷混凝土、钢筋网制作及安装、锚固剂锚杆、石渣运输、管片及灌浆材料运输、洞内混凝土运输等;盾构掘进机施工定额包括盾构掘进机安装调试及拆除、刀盘式土压平衡及泥水平衡盾构掘进、管片安装、壁后注浆、洞口柔性接缝环、负环管片拆除、洞内渣土及管片运输等;其他定额包括钢筋混凝土管片预制、管片止水、管片嵌缝等。

二、本定额适用于采用全断面掘进机施工的水利工程隧洞(平洞)工程。

三、本定额的计量单位:开挖及出渣定额按自然方体积为计量单位,预制混凝土管片、灌浆等均按建筑物的成品实体方为计量单位。

四、工程量计算规则

1. 开挖及出渣工程量按设计开挖断面面积乘洞长的几何体积计算。

2. 豆砾石回填及灌浆、豆砾石及灌浆材料运输工程量按设计开挖断面与管片外径之间所形成的几何体积计算。

3. 盾构施工工程量其他计算说明:

(1)负环段是指从拼装后靠管片起至盾尾离开始发井内壁止的掘进段。

(2)出洞段是指盾尾离开始发井 10 倍盾构直径的掘进段。

(3)正常段是指从出洞段掘进结束至进洞段掘进开始的全段

掘进。

（4）进洞段是指盾构切口距接收井外壁 5 倍盾构直径的掘进段。

（5）壁后注浆工程量根据盾尾间隙,由施工组织设计综合考虑地质条件后确定,定额中未含超填量。

（6）柔性接缝环适合于盾构工作井洞门与圆隧洞接缝处理,长度按管片中心圆周长计算。

五、定额使用说明

1. 按隧洞开挖直径选用定额时,以整米数计算。

2. 定额中岩石单轴抗压强度均指饱和单轴抗压强度。

3. TBM 和盾构掘进定额综合考虑了试掘进和正常掘进的工效,并且已含维修保养班组的工料机消耗,使用时不再增补和调整。

4. 以洞长划分子目的出渣定额已包含洞口至洞外卸渣点间的运输。

5. 管片运输定额包括洞外组车场至掘进机工作面间的管片运输。

6. 管片预制及安装定额中已综合考虑了管片的宽度、厚度和成环块数等因素,与实际不同时不再调整。管片安装定额包括管片后配套吊运、安装、测量等工序。

7. 关于 TBM 施工定额的其他说明:

（1）TBM 安装调试定额适用于洞外安装调试,如在洞内安装调试,人工、机械乘 1.25 系数;TBM 拆除定额适用于洞内拆除,如在洞外拆除,人工、机械乘 0.8 系数。

（2）TBM 掘进定额中刀具按 432mm 滚刀拟定,使用时不作调整;刀具消耗量按隧洞岩石石英含量 5% ~15% 拟定,当石英含量不同时,刀具消耗量按表 1 系数调整。

表 1　刀具消耗量调整系数

石英含量(%)	≤5	5~15	15~25	25~35	35~45
调整系数	0.8	1.0	1.1	1.15	1.25

（3）TBM 掘进定额中轴流通风机台时量是按一个工作面长度6km 以内拟定的,当工作面长度超过 6km 时,应按表 2 系数调整轴流通风机台时量。

表 2　轴流通风机调整系数

通风长度（km）	隧洞开挖直径（m）						
	4	5	6	7	8	9	10
≤6	1.00	1.00	1.00	1.00	1.00	1.00	1.00
7	1.28	1.28	1.36	1.25	1.20	1.15	1.12
8	1.63	1.62	1.72	1.59	1.49	1.39	1.35
9	2.08	2.07	2.20	2.03	1.91	1.78	1.72
10	2.59	2.57	2.74	2.52	2.37	2.22	2.14
12	3.34	3.32	3.54	3.25	3.06	2.86	2.76

8.单护盾 TBM 施工时,选用双护盾 TBM 施工定额,并作如下调整:TBM 台时费乘 0.9 的调整系数;TBM 掘进定额人工、机械乘1.15 的调整系数;TBM 安装调试及拆除定额乘 0.9 的调整系数。

9.关于盾构施工定额的其他说明:

采用干式出土掘进,其出土以吊出井口卸车止;采用水力出土掘进,其排放的泥浆水以运至沉淀池止,水力出土所需的地面部分取水、排水的土建及土方外运费用另计。水力出土掘进用水按取自然水源考虑,不计水费,若采用其他水源需计算水费时可另计。

六、施工机械台时费定额使用时注意问题

1. TBM 台时费一类费用调整系数(见表3):

表3 TBM 台时费一类费用调整系数

隧洞总长度(km)	8~10	10~15	15~30	>30
一类费用调整系数	1.2	1.1	1.0	0.9

2. 盾构台时费一类费用调整系数(见表4):

表4 盾构台时费一类费用调整系数

隧洞总长度(km)	0.8~2	2~4	4~7	7~9	>9
一类费用调整系数	1.3	1.2	1.1	1.0	0.9

3. 由建设单位提供掘进机或掘进机已单独列项的工程,掘进机及相关施工机械台时费应扣除相关费用。

七、工程单价取费及其他说明

1. 掘进机施工人工预算单价执行枢纽工程标准。

2. 掘进机施工土石方类工程、钻孔灌浆及锚固类工程执行如下取费标准:其他直接费费率 1.5%~2.5%,现场经费费率 3%,间接费费率 3%;其他工程单价取费执行水总[2002]116 号文编制规定相关标准。

3. 由建设单位提供掘进机并在施工机械台时费中扣除折旧费的工程,土方、石方类工程执行如下取费标准:其他直接费费率 2%~3%,现场经费费率 5%,间接费费率 5%。

4. 泥水平衡盾构掘进泥水处理系统土建费用可在临时工程中单列项,设备组时费根据设计或实际设备配备计算。

5. 掘进机施工时临时供电线路、通风管道、轨道安装和拆除费用可在临时工程中单列项。

6. 钢筋混凝土管片预制厂土建费用可在临时工程中单列项。

T-1　全断面岩石掘进机(TBM)施工

T-1-1 TBM 安装调试及拆除

适用范围:TBM 安装调试及拆除。

工作内容:安装调试:场内运输、主机及后配套安装调试、安装场至洞口50m 的滑行。

拆 除:起吊设备及附属设备就位、拆除 TBM 主机及后配套、上托架装车、洞内及场内运输。

(1)双护盾 TBM 安装调试

单位:台次

项 目	单位	隧洞开挖直径(m)			
		4	5	6	7
工 长	工时	2785.1	3213.6	3642.1	4284.8
高 级 工	工时	9051.6	10444.2	11836.8	13925.6
中 级 工	工时	24369.8	28119.0	31868.2	37492.0
初 级 工	工时	9051.6	10444.2	11836.8	13925.6
合 计	工时	45258.1	52221.0	59183.9	69628.0
钢 丝 绳	kg	1352.22	1431.77	1511.30	1590.85
钢 材(含滑行钢轨)	t	14.45	16.93	19.40	21.88
木 材	m³	6.54	8.03	9.90	12.37
预制混凝土底管片	m³	28.08	34.68	49.95	67.98
混凝土预制块	m³	69.08	72.72	83.63	90.90
混 凝 土	m³	62.33	77.91	93.50	109.08
氩弧焊焊丝	kg	106.32	166.16	251.21	353.30
电 焊 条	kg	1868.50	2292.70	2828.00	3535.00
氩 气	m³	247.76	387.18	585.40	823.29
乙 炔 气	m³	760.79	958.51	1292.37	1635.32
氧 气	m³	1749.83	2204.58	2972.43	3761.24
电	kW·h	63414.26	79268.03	95120.99	110909.11
液 压 油	L	720.27	924.35	1200.46	1680.64
润 滑 油 脂	L	1620.62	2079.79	2701.03	3781.44
齿 轮 油	L	630.24	809.62	1008.38	1260.48
其他材料费	%	5	5	5	5
搅 拌 机 0.4m³	台时	11.89	14.87	17.85	20.82
龙门式起重机 30t	台时	296.82	474.30	584.46	673.20
龙门式起重机 50t	台时	489.60	571.20		
龙门式起重机 80t	台时			489.60	636.48
汽车式起重机 25t	台时	296.82	474.30	584.46	673.20
汽车式起重机 50t	台时	326.40	474.76		
汽车式起重机 90t	台时			440.64	
汽车式起重机 130t	台时				420.08
汽车拖车头 60t	台时	104.12	133.76	166.60	208.25
汽车拖车头 80t	台时			43.72	51.00
平板挂车 60t	台时	104.12	133.76	166.60	208.25
平板挂车 80t	台时			43.72	51.00
氩弧焊机 500A	台时	103.14	161.18	243.69	342.72
电焊机 直流30kW	台时	1640.07	2012.41	2482.27	3034.50
气 割 枪	台时	803.25	1012.00	1364.48	1726.58
空 压 机 6m³/min	台时	491.00	630.12	818.34	1103.23
载 重 汽 车 10t	台时	127.50	159.38	199.22	239.07
内 燃 叉 车 6t	台时	636.48	817.63	1057.54	1272.96
其他机械费	%	3	3	3	3
编 号		GT001	GT002	GT003	GT004

项　　目	单位	隧洞开挖直径（m）		
		8	9	10
工　　　　长	工时	4713.3	5141.8	5570.2
高　级　工	工时	15318.2	16710.7	18103.3
中　级　工	工时	41241.2	44990.4	48739.6
初　级　工	工时	15318.2	16710.7	18103.3
合　　　　计	工时	76590.9	83553.6	90516.4
钢　丝　绳	kg	1670.39	1749.93	1909.01
钢　　材（含滑行钢轨）	t	24.35	26.83	29.30
木　　　　材	m³	12.73	13.08	13.43
预制混凝土底管片	m³	88.80	125.59	153.43
混凝土预制块	m³	90.90	109.08	109.08
混　凝　土	m³	124.66	140.25	155.83
氩弧焊焊丝	kg	446.62	592.14	731.03
电　焊　条	kg	3636.00	3737.00	3838.00
氩　　　　气	m³	1040.76	1379.87	1703.52
乙　炔　气	m³	1726.44	1817.57	1908.68
氧　　　　气	m³	3970.82	4180.39	4389.97
电	kW·h	126967.50	144623.92	160693.42
液　压　油	L	1800.69	1920.73	2040.78
润滑油脂	L	4051.54	4285.63	4591.75
齿　轮　油	L	1344.51	1440.55	1530.58
其他材料费	%	5	5	5
搅　拌　机　0.4m³	台时	23.80	26.76	29.74
龙门式起重机　30t	台时	678.91	721.14	774.18
龙门式起重机　150t	台时	530.40		
龙门式起重机　250t	台时		530.40	571.20
汽车式起重机　25t	台时	678.91	721.14	774.18
汽车式起重机　200t	台时	455.08	600.94	793.24
汽车拖车头　60t	台时	214.20	220.15	226.10
汽车拖车头　100t	台时	54.64	58.28	
汽车拖车头　120t	台时			61.92
平板挂车　60t	台时	214.20	220.15	226.10
平板挂车　100t	台时	54.64	58.28	
平板挂车　120t	台时			61.92
氩弧焊机　500A	台时	433.25	574.41	709.13
电　焊　机　直流30kW	台时	3191.49	3280.15	3368.77
气　割　枪	台时	1822.79	1918.99	2015.19
空　压　机　6m³/min	台时	1159.30	1236.60	1313.85
载重汽车　10t	台时	262.97	277.32	286.11
内燃叉车　6t	台时	1517.76	1762.56	2056.32
其他机械费	%	3	3	3
编　　　号		GT005	GT006	GT007

(2) 敞开式 TBM 安装调试

项　　目	单位	隧洞开挖直径(m)			
		4	5	6	7
工　　　长	工时	2228.1	2570.9	2913.7	3427.8
高　级　工	工时	7241.3	8355.4	9469.4	11140.5
中　级　工	工时	19495.8	22495.2	25494.6	29993.6
初　级　工	工时	7241.3	8355.4	9469.4	11140.5
合　　　计	工时	36206.5	41776.9	47347.1	55702.4
钢　丝　绳	kg	1159.72	1288.97	1360.18	1431.77
钢　　材	t	3.97	4.97	5.96	6.95
木　　材	m³	4.60	5.91	7.61	9.90
混凝土预制块	m³	97.16	107.40	133.58	158.88
混　凝　土	m³	62.33	77.91	93.50	109.08
氩弧焊焊丝	kg	106.32	166.16	251.21	353.30
电　焊　条	kg	1148.97	1475.98	1900.21	2474.70
氩　　气	m³	247.76	387.18	585.40	823.29
乙　炔　气	m³	592.61	781.76	1034.15	1441.44
氧　　气	m³	1363.00	1798.05	2378.55	3315.33
电	kW·h	60970.06	76212.18	91455.10	108874.77
液　压　油	L	585.22	751.78	967.87	1260.48
润滑油脂	L	1316.75	1691.52	2177.70	2836.08
齿　轮　油	L	438.92	563.84	725.90	945.36
其他材料费	%	5	5	5	5
搅　拌　机　0.4m³	台时	11.89	14.87	17.85	20.82
龙门式起重机　30t	台时	254.59	318.24	397.80	477.36
龙门式起重机　50t	台时	381.89	445.54		
龙门式起重机　80t	台时			381.89	445.54
汽车式起重机　25t	台时	254.59	318.24	397.80	477.36
汽车式起重机　50t	台时	280.05	369.16		
汽车式起重机　90t	台时			305.51	
汽车式起重机　130t	台时				294.06
汽车拖车头　60t	台时	71.40	90.44	111.86	132.09
汽车拖车头　80t	台时			43.72	51.00
平板挂车　60t	台时	71.40	90.44	111.86	132.09
平板挂车　80t	台时			43.72	51.00
氩弧焊机　500A	台时	92.83	145.05	219.32	308.45
电　焊　机　直流30kW	台时	1296.54	1665.56	2144.28	2792.56
气　割　枪	台时	625.68	825.38	1091.86	1521.89
空　压　机　6m³/min	台时	376.77	484.01	623.12	811.51
载重汽车　10t	台时	111.57	129.09	137.70	153.00
内燃叉车　6t	台时	441.08	670.45	765.56	979.20
其他机械费	%	3	3	3	3
编　　　号		GT008	GT009	GT010	GT011

项　　目	单位	隧洞开挖直径(m)		
		8	9	10
工　　长	工时	3770.6	4113.4	4456.2
高　级　工	工时	12254.5	13368.6	14482.6
中　级　工	工时	32993.0	35992.3	38991.7
初　级　工	工时	12254.5	13368.6	14482.6
合　　计	工时	61272.6	66842.9	72413.1
钢　丝　绳	kg	1558.43	1712.96	1867.49
钢　　材	t	7.95	8.94	9.93
木　　材	m³	10.25	10.61	10.96
混凝土预制块	m³	179.70	234.67	262.51
混　凝　土	m³	124.66	140.25	155.83
氩弧焊焊丝	kg	446.62	592.14	731.03
电　焊　条	kg	2563.09	2651.46	2739.85
氩　　气	m³	1040.76	1379.87	1703.52
乙　炔　气	m³	1532.56	1623.69	1714.81
氧　　气	m³	3524.90	3734.48	3944.05
电	kW·h	124428.38	141731.70	157479.66
液　压　油	L	1305.50	1350.51	1395.53
润滑油脂	L	2937.37	3038.66	3139.95
齿　轮　油	L	979.12	1012.89	1046.65
其他材料费	%	5	5	5
搅　拌　机　0.4m³	台时	23.80	26.76	29.74
龙门式起重机　30t	台时	501.23	525.10	548.96
龙门式起重机　150t	台时	414.12		
龙门式起重机　250t	台时		414.12	477.36
汽车式起重机　25t	台时	501.23	525.10	548.96
汽车式起重机　200t	台时	327.66	464.18	656.37
汽车拖车头　60t	台时	136.81	141.53	146.25
汽车拖车头　100t	台时	55.08	58.28	
汽车拖车头　120t	台时			61.20
平板挂车　60t	台时	136.81	141.53	146.25
平板挂车　100t	台时	55.08	58.28	
平板挂车　120t	台时			61.20
氩弧焊机　500A	台时	389.93	516.97	638.22
电焊机　直流30kW	台时	2892.29	2992.03	3091.76
气　割　枪	台时	1617.72	1714.62	1810.50
空压机　6m³/min	台时	925.41	985.21	1045.00
载重汽车　10t	台时	210.38	239.07	262.97
内燃叉车　6t	台时	1059.32	1203.53	1240.91
其他机械费	%	3	3	3
编　　号		GT012	GT013	GT014

(3)双护盾 TBM 拆除

项 目	单位	隧洞开挖直径(m)			
		4	5	6	7
工　　　长	工时	1392.6	1606.8	1821.0	2142.4
高 级 工	工时	6962.8	8034.0	9105.2	10712.0
中 级 工	工时	12533.0	14461.2	16389.4	19281.6
初 级 工	工时	17407.0	20085.0	22763.0	26780.0
合　　　计	工时	38295.4	44187.0	50078.6	58916.0
钢 丝 绳	kg	342.39	369.66	381.78	401.98
钢　　材	t	4.65	5.86	6.97	8.18
木　　材	m³	6.54	8.03	9.90	12.37
电 焊 条	kg	26.38	32.98	39.57	46.17
乙 炔 气	m³	951.00	1198.14	1524.33	2044.15
氧　　气	m³	2187.29	2755.72	3505.96	4701.55
防 锈 漆	kg	2253.56	2554.04	2794.42	3004.75
电	kW·h	2545.20	3408.75	4908.60	6363.00
清 洗 油	kg	80.08	98.26	121.20	151.50
液 压 油	L	69.40	85.15	105.04	131.30
润 滑 油 脂	L	173.51	212.90	262.60	328.25
齿 轮 油	L	33.37	40.95	50.50	63.13
其他材料费	%	5	5	5	5
内燃机车　132kW	台时	61.20	78.54	102.00	142.80
平　　车　30t	台时	244.80	157.08	204.00	285.60
平　　车　60t	台时		78.54	102.00	142.80
龙门式起重机 50t	台时	795.60	848.64		
龙门式起重机 80t	台时			795.60	848.64
汽车式起重机 50t	台时	875.16	933.50	954.72	1018.37
汽车拖车头　60t	台时	104.12	133.76	166.60	208.25
汽车拖车头　80t	台时			43.72	51.00
平板挂车　60t	台时	104.12	133.76	166.60	208.25
平板挂车　80t	台时			43.72	51.00
气 割 枪	台时	1004.07	1265.00	1609.40	2158.23
空 压 机　6m³/min	台时	466.45	598.61	777.42	1048.07
载重汽车 10t	台时	127.50	159.38	199.22	239.07
内燃叉车 6t	台时	413.52	523.78	647.84	765.00
其他机械费	%	3	3	3	3
编　　　号		GT015	GT016	GT017	GT018

项　　目	单位	隧洞开挖直径（m）		
		8	9	10
工　　　　长	工时	2356.6	2570.9	2785.1
高　级　工	工时	11783.2	12854.4	13925.6
中　级　工	工时	21209.8	23137.9	25066.1
初　级　工	工时	29458.0	32136.0	34814.0
合　　　计	工时	64807.6	70699.2	76590.8
钢　丝　绳	kg	449.55	496.88	567.86
钢　　　材	t	9.30	10.46	11.64
木　　　材	m³	12.73	13.08	13.43
电　焊　条	kg	52.72	59.39	65.95
乙　炔　气	m³	2158.05	2271.95	2385.85
氧　　　气	m³	4963.52	5225.49	5487.46
防　锈　漆	kg	3185.04	3335.27	3470.49
电	kW·h	7562.88	10635.30	11817.00
清　洗　油	kg	155.83	160.16	164.49
液　压　油	L	135.05	138.80	142.55
润滑油脂	L	337.63	347.01	356.39
齿　轮　油	L	64.93	66.73	68.54
其他材料费	%	5	5	5
内燃机车　132kW	台时	153.00	163.20	173.40
平　　车　30t	台时	306.00	326.40	346.80
平　　车　60t	台时	153.00	163.20	173.40
龙门式起重机　150t	台时	795.60		
龙门式起重机　250t	台时		795.60	848.64
汽车式起重机　50t	台时	1069.29	1120.20	1171.12
汽车拖车头　60t	台时	214.20	220.15	226.10
汽车拖车头　100t	台时	54.64	58.28	
汽车拖车头　120t	台时			61.92
平板挂车　60t	台时	214.20	220.15	226.10
平板挂车　100t	台时	54.64	58.28	
平板挂车　120t	台时			61.92
气　割　枪	台时	2278.49	2398.73	2518.99
空　压　机　6m³/min	台时	1101.33	1174.76	1248.16
载重汽车　10t	台时	262.97	277.32	286.11
内燃叉车　6t	台时	820.08	932.28	1062.84
其他机械费	%	3	3	3
编　　　号		GT019	GT020	GT021

(4)敞开式 TBM 拆除

项　目	单位	隧洞开挖直径(m)			
		4	5	6	7
工　　长	工时	1189.0	1280.5	1372.0	1829.3
高　级　工	工时	5945.2	6402.5	6859.8	9146.4
中　级　工	工时	10701.3	11524.5	12347.6	16463.5
初　级　工	工时	14862.9	16006.2	17149.5	22866.0
合　　计	工时	32698.4	35213.7	37728.9	50305.2
钢　丝　绳	kg	311.08	336.33	347.44	365.62
钢　　材	t	3.97	4.97	5.96	6.95
木　　材	m³	4.60	5.91	7.61	9.90
电　焊　条	kg	22.52	28.16	33.78	39.42
乙　炔　气	m³	740.75	977.21	1292.69	1801.81
氧　　气	m³	1703.75	2247.56	2973.19	4144.16
防　锈　漆	kg	2106.80	2387.70	2612.43	2809.06
电	kW·h	2470.54	3308.76	4764.61	6176.35
清　洗　油	kg	46.89	60.24	77.56	101.00
液　压　油	L	58.62	75.30	96.94	126.25
润滑油脂	L	146.54	188.24	242.36	315.63
齿　轮　油	L	29.31	37.65	48.47	63.13
其他材料费	%	5	5	5	5
内燃机车　132kW	台时	51.00	68.34	91.80	132.60
平　　车　30t	台时	204.00	136.68	183.60	265.20
平　　车　60t	台时		68.34	91.80	132.60
龙门式起重机　50t	台时	636.48	678.91		
龙门式起重机　80t	台时			636.48	678.91
汽车式起重机　50t	台时	700.13	746.80	763.78	814.69
汽车拖车头　60t	台时	71.40	90.44	111.86	132.09
汽车拖车头　80t	台时			43.72	51.00
平板挂车　60t	台时	71.40	90.44	111.86	132.09
平板挂车　80t	台时			43.72	51.00
气　割　枪	台时	782.10	1031.74	1364.83	1902.36
空　压　机　6m³/min	台时	357.93	459.81	591.97	770.94
载　重　汽　车　10t	台时	111.57	126.23	147.34	172.89
内　燃　叉　车　6t	台时	306.00	393.09	508.43	612.00
其他机械费	%	3	3	3	3
编　　号		GT022	GT023	GT024	GT025

项　目	单位	隧洞开挖直径（m）		
		8	9	10
工　　长	工时	1920.7	2195.1	2378.1
高　级　工	工时	9603.7	10975.7	11890.3
中　级　工	工时	17286.7	19756.2	21402.6
初　级　工	工时	24009.3	27439.2	29725.8
合　　计	工时	52820.4	60366.2	65396.8
钢　丝　绳	kg	409.05	451.47	516.11
钢　　材	t	7.95	8.94	9.93
木　　材	m³	10.25	10.61	10.96
电　焊　条	kg	45.05	50.70	56.36
乙　炔　气	m³	1915.67	2029.60	2143.52
氧　　气	m³	4406.13	4668.10	4930.06
防　锈　漆	kg	2977.61	3118.06	3244.46
电	kW·h	6787.20	9544.50	10605.00
清　洗　油	kg	104.61	108.21	111.82
液　压　油	L	130.75	135.27	139.77
润　滑　油脂	L	326.90	338.17	349.44
齿　轮　油	L	65.38	67.63	69.89
其他材料费	%	5	5	5
内燃机车　132kW	台时	142.80	153.00	163.20
平　车　30t	台时	285.60	306.00	326.40
平　车　60t	台时	142.80	153.00	163.20
龙门式起重机　150t	台时	636.48		
龙门式起重机　250t	台时		636.48	693.60
汽车式起重机　50t	台时	855.43	896.16	936.90
汽车拖车头　60t	台时	136.81	141.53	146.25
汽车拖车头　100t	台时	55.08	58.28	
汽车拖车头　120t	台时			61.20
平板挂车　60t	台时	136.81	141.53	146.25
平板挂车　100t	台时	55.08	58.28	
平板挂车　120t	台时			61.20
气　割　枪	台时	2022.66	2142.87	2263.13
空　压　机　6m³/min	台时	879.14	935.95	992.75
载　重　汽车　10t	台时	210.38	239.07	262.97
内燃叉车　6t	台时	729.69	847.39	988.61
其他机械费	%	3	3	3
编　　号		GT026	GT027	GT028

T-1-2 敞开式 TBM 掘进

适用范围:敞开式 TBM 掘进。

工作内容:操作 TBM 掘进、供气通风、测量、维护等。

(1)隧洞开挖直径4m

单位:100m³

项 目	单位	单轴抗压强度(MPa)			
		≤50	50~100	100~150	150~200
工 长	工时	6.5	7.7	8.4	10.1
高 级 工	工时	34.9	41.1	45.1	54.0
中 级 工	工时	39.2	46.1	50.8	60.8
初 级 工	工时	71.9	84.7	93.0	111.4
合 计	工时	152.5	179.6	197.3	236.3
刀 具 432mm	套	0.12	0.16	0.29	0.56
钢 材	kg	25.64	30.19	33.18	39.72
电 焊 条	kg	6.41	7.54	8.29	9.93
水	m³	78.41	93.62	104.54	125.44
其他材料费	%	5	5	5	5
敞开式 TBM Φ4m	台时	4.05	4.76	5.23	6.27
轴流通风机 2×75kW	台时	6.48	7.62	8.37	10.03
电 焊 机 25kVA	台时	1.62	1.91	2.09	2.51
其他机械费	%	1	1	1	1
石渣运输	m³	102	102	102	102
编 号		GT029	GT030	GT031	GT032

（2）隧洞开挖直径5m

单位:100m³

项　　　目	单位	单轴抗压强度（MPa）			
		≤50	50~100	100~150	150~200
工　　　长	工时	4.5	5.4	5.9	7.1
高　级　工	工时	24.4	28.7	31.5	37.8
中　级　工	工时	27.4	32.3	35.5	42.5
初　级　工	工时	50.4	59.2	65.1	78.0
合　　　计	工时	106.7	125.6	138.0	165.4
刀　具　432mm	套	0.12	0.16	0.29	0.56
钢　　　材	kg	17.95	21.12	23.21	27.79
电　焊　条	kg	4.48	5.28	5.80	6.95
水	m³	63.24	75.68	85.49	104.92
其他材料费	%	5	5	5	5
敞开式TBM　Φ5m	台时	2.84	3.34	3.66	4.39
轴流通风机　2×110kW	台时	4.53	5.33	5.85	7.02
电　焊　机　25kVA	台时	1.13	1.34	1.47	1.75
其他机械费	%	1	1	1	1
石　渣　运　输	m³	102	102	102	102
编　　　号		GT033	GT034	GT035	GT036

(3) 隧洞开挖直径6m

单位:100m³

项 目	单位	单轴抗压强度(MPa)			
		≤50	50～100	100～150	150～200
工　　长	工时	3.6	4.2	4.6	5.6
高 级 工	工时	19.2	22.6	24.8	29.7
中 级 工	工时	21.5	25.3	27.9	33.4
初 级 工	工时	39.6	46.6	51.1	61.2
合　　计	工时	83.9	98.7	108.4	129.9
刀　具　432mm	套	0.12	0.16	0.29	0.56
钢　　材	kg	14.09	16.58	18.23	21.83
电 焊 条	kg	3.52	4.15	4.56	5.45
水	m³	63.16	74.85	86.00	103.65
其他材料费	%	5	5	5	5
敞开式 TBM　Φ6m	台时	2.22	2.62	2.88	3.45
轴流通风机　2×160kW	台时	3.56	4.19	4.60	5.51
电 焊 机　25kVA	台时	0.89	1.05	1.15	1.38
其他机械费	%	1	1	1	1
石渣运输	m³	102	102	102	102
编　　号		GT037	GT038	GT039	GT040

(4)隧洞开挖直径7m

单位:100m³

项 目	单位	单轴抗压强度(MPa)			
		≤50	50~100	100~150	150~200
工 长	工时	2.8	3.3	3.6	4.3
高 级 工	工时	15.0	17.7	19.5	23.3
中 级 工	工时	16.9	19.9	21.8	26.2
初 级 工	工时	31.0	36.5	40.1	48.1
合 计	工时	65.7	77.4	85.0	101.9
刀 具 432mm	套	0.12	0.16	0.29	0.56
钢 材	kg	11.05	13.00	14.28	17.11
电 焊 条	kg	2.76	3.25	3.58	4.27
水	m³	58.58	78.78	89.89	110.09
其他材料费	%	5	5	5	5
敞开式TBM Φ7m	台时	1.74	2.05	2.25	2.70
轴流通风机 2×200kW	台时	2.78	3.28	3.61	4.31
电 焊 机 25kVA	台时	0.69	0.82	0.90	1.08
其他机械费	%	1	1	1	1
石 渣 运 输	m³	102	102	102	102
编 号		GT041	GT042	GT043	GT044

(5)隧洞开挖直径8m

项 目	单位	单轴抗压强度(MPa)			
		≤50	50～100	100～150	150～200
工 长	工时	2.3	2.7	2.9	3.5
高 级 工	工时	12.1	14.2	15.6	18.7
中 级 工	工时	13.6	16.0	17.6	21.0
初 级 工	工时	24.9	29.4	32.2	38.6
合 计	工时	52.9	62.3	68.3	81.8
刀 具 432mm	套	0.12	0.16	0.29	0.56
钢 材	kg	8.89	10.46	11.49	13.77
电 焊 条	kg	2.22	2.62	2.88	3.44
水	m³	56.56	76.76	87.87	108.07
其他材料费	%	5	5	5	5
敞开式TBM Φ8m	台时	1.40	1.65	1.82	2.17
轴流通风机 2×250kW	台时	2.24	2.64	2.91	3.48
电 焊 机 25kVA	台时	0.56	0.66	0.72	0.87
其他机械费	%	1	1	1	1
石 渣 运 输	m³	102	102	102	102
编 号		GT045	GT046	GT047	GT048

(6)隧洞开挖直径9m

单位:100m³

项 目	单位	单轴抗压强度(MPa)			
		≤50	50~100	100~150	150~200
工 长	工时	2.0	2.3	2.5	3.0
高 级 工	工时	10.3	12.2	13.3	16.0
中 级 工	工时	11.5	13.6	14.9	17.9
初 级 工	工时	21.2	24.8	27.4	32.9
合 计	工时	45.0	52.9	58.1	69.8
刀 具 432mm	套	0.12	0.16	0.29	0.56
钢 材	kg	7.56	8.91	9.79	11.72
电 焊 条	kg	1.89	2.22	2.44	2.93
水	m³	54.54	74.74	85.85	106.05
其他材料费	%	5	5	5	5
敞开式TBM Φ9m	台时	1.19	1.41	1.54	1.85
轴流通风机 2×280kW	台时	1.91	2.24	2.47	2.96
电 焊 机 25kVA	台时	0.48	0.56	0.62	0.74
其他机械费	%	1	1	1	1
石 渣 运 输	m³	102	102	102	102
编 号		GT049	GT050	GT051	GT052

(7) 隧洞开挖直径 10m

项 目	单位	单轴抗压强度(MPa)			
		≤50	50~100	100~150	150~200
工 长	工时	1.6	2.0	2.2	2.6
高 级 工	工时	8.9	10.4	11.4	13.6
中 级 工	工时	9.9	11.6	12.8	15.3
初 级 工	工时	18.2	21.4	23.5	28.1
合 计	工时	38.6	45.4	49.9	59.6
刀 具 432mm	套	0.12	0.16	0.29	0.56
钢 材	kg	6.47	7.63	8.38	10.03
电 焊 条	kg	1.62	1.91	2.09	2.50
水	m³	52.52	72.72	83.83	104.03
其他材料费	%	5	5	5	5
敞开式 TBM Φ10m	台时	1.02	1.20	1.33	1.58
轴流通风机 2×315kW	台时	1.63	1.93	2.11	2.53
电 焊 机 25kVA	台时	0.41	0.48	0.53	0.63
其他机械费	%	1	1	1	1
石 渣 运 输	m³	102	102	102	102
编 号		GT053	GT054	GT055	GT056

T-1-3 双护盾 TBM 掘进

适用范围:双护盾 TBM 掘进。

工作内容:操作 TBM 掘进、供气通风、测量、维护等。

(1)隧洞开挖直径 4m

单位:100m³

项目	单位	单轴抗压强度(MPa)			
		≤50	50~100	100~150	150~200
工 长	工时	10.1	12.1	13.5	16.2
高 级 工	工时	48.7	58.1	64.9	77.9
中 级 工	工时	82.8	98.9	110.4	132.5
初 级 工	工时	63.3	75.6	84.4	101.2
合 计	工时	204.9	244.7	273.2	327.8
刀 具 432mm	套	0.12	0.16	0.29	0.56
钢 材	kg	25.09	29.96	33.45	40.10
电 焊 条	kg	6.27	7.49	8.36	10.00
水	m³	78.38	93.63	104.54	125.44
其他材料费	%	5	5	5	5
双护盾 TBM Φ4m	台时	3.96	4.72	5.28	6.33
轴流通风机 2×75kW	台时	6.33	7.57	8.45	10.14
电 焊 机 25kVA	台时	1.58	1.89	2.11	2.53
其他机械费	%	1	1	1	1
石渣运输	m³	102	102	102	102
编 号		GT057	GT058	GT059	GT060

(2)隧洞开挖直径 5m

单位:100m³

项 目	单位	单轴抗压强度(MPa)			
		≤50	50~100	100~150	150~200
工 长	工时	7.5	9.0	10.1	12.4
高 级 工	工时	37.4	44.7	50.6	62.0
中 级 工	工时	63.6	76.0	85.9	105.5
初 级 工	工时	48.6	58.2	65.7	80.6
合 计	工时	157.1	187.9	212.3	260.5
刀 具 432mm	套	0.12	0.16	0.29	0.56
钢 材	kg	17.59	21.06	23.79	29.20
电 焊 条	kg	4.40	5.26	5.95	7.30
水	m³	63.24	83.76	95.59	115.02
其他材料费	%	5	5	5	5
双护盾 TBM Φ5m	台时	2.77	3.33	3.75	4.61
轴流通风机 2×110kW	台时	4.45	5.31	6.01	7.37
电 焊 机 25kVA	台时	1.11	1.33	1.50	1.85
其他机械费	%	1	1	1	1
石 渣 运 输	m³	102	102	102	102
编 号		GT061	GT062	GT063	GT064

（3）隧洞开挖直径6m

单位:100m³

项 目	单位	单轴抗压强度（MPa）			
		≤50	50～100	100～150	150～200
工 长	工时	6.2	7.4	8.4	10.2
高 级 工	工时	31.1	36.9	42.3	51.0
中 级 工	工时	52.8	62.6	72.0	86.7
初 级 工	工时	40.4	47.9	55.0	66.3
合 计	工时	130.5	154.8	177.7	214.2
刀 具 432mm	套	0.12	0.16	0.29	0.56
钢 材	kg	13.94	16.52	18.98	22.88
电 焊 条	kg	3.48	4.13	4.75	5.72
水	m³	63.16	80.91	92.06	110.72
其他材料费	%	5	5	5	5
双护盾 TBM Φ6m	台时	2.20	2.61	3.00	3.61
轴流通风机 2×160kW	台时	3.52	4.17	4.79	5.77
电 焊 机 25kVA	台时	0.88	1.04	1.19	1.45
其他机械费	%	1	1	1	1
石 渣 运 输	m³	102	102	102	102
编 号		GT065	GT066	GT067	GT068

(4) 隧洞开挖直径 7m

项　　目	单位	单轴抗压强度(MPa)			
		≤50	50~100	100~150	150~200
工　　长	工时	4.9	5.9	6.8	8.2
高　级　工	工时	24.7	29.5	34.0	41.4
中　级　工	工时	42.0	50.1	57.9	70.3
初　级　工	工时	32.1	38.3	44.3	53.8
合　　计	工时	103.7	123.8	143.0	173.7
刀　具　432mm	套	0.12	0.16	0.29	0.56
钢　　材	kg	10.57	12.60	14.56	17.72
电　焊　条	kg	2.65	3.15	3.65	4.42
水	m³	58.58	78.78	89.89	106.05
其他材料费	%	5	5	5	5
双护盾 TBM　Φ7m	台时	1.67	1.99	2.30	2.79
轴流通风机　2×200kW	台时	2.67	3.18	3.68	4.47
电　焊　机　25kVA	台时	0.66	0.80	0.92	1.12
其他机械费	%	1	1	1	1
石　渣　运　输	m³	102	102	102	102
编　　号		GT069	GT070	GT071	GT072

(5) 隧洞开挖直径 8m

单位:100m³

项　目	单位	单轴抗压强度(MPa)			
		≤50	50~100	100~150	150~200
工　　长	工时	4.4	5.3	6.3	7.3
高　级　工	工时	22.0	26.4	31.2	36.6
中　级　工	工时	37.5	44.8	53.0	62.1
初　级　工	工时	28.6	34.3	40.6	47.5
合　　计	工时	92.5	110.8	131.1	153.5
刀　具　432mm	套	0.12	0.16	0.29	0.56
钢　　材	kg	8.66	10.34	12.24	14.33
电　焊　条	kg	2.16	2.59	3.06	3.59
水	m³	56.56	76.76	87.87	104.03
其他材料费	%	5	5	5	5
双护盾 TBM　Φ8m	台时	1.37	1.63	1.93	2.26
轴流通风机　2×250kW	台时	2.18	2.61	3.09	3.62
电　焊　机　25kVA	台时	0.55	0.65	0.78	0.91
其他机械费	%	1	1	1	1
石　渣　运　输	m³	102	102	102	102
编　　号		GT073	GT074	GT075	GT076

(6)隧洞开挖直径9m

单位:100m³

项　目	单位	单轴抗压强度(MPa)			
		≤50	50～100	100～150	150～200
工　　长	工时	4.0	4.7	5.6	6.6
高　级　工	工时	20.3	23.6	27.7	33.2
中　级　工	工时	34.5	40.1	47.2	56.4
初　级　工	工时	26.4	30.6	36.1	43.2
合　　计	工时	85.2	99.0	116.6	139.4
刀　具　432mm	套	0.12	0.16	0.29	0.56
钢　　材	kg	7.34	8.52	10.04	12.02
电　焊　条	kg	1.84	2.13	2.50	3.00
水	m³	54.54	74.74	85.85	101.00
其他材料费	%	5	5	5	5
双护盾 TBM　Φ9m	台时	1.16	1.35	1.58	1.90
轴流通风机　2×280kW	台时	1.86	2.15	2.53	3.03
电　焊　机　25kVA	台时	0.46	0.54	0.63	0.75
其他机械费	%	1	1	1	1
石　渣　运　输	m³	102	102	102	102
编　　号		GT077	GT078	GT079	GT080

（7）隧洞开挖直径 10m

单位:100m³

项　　　目	单位	单轴抗压强度（MPa）			
		≤50	50~100	100~150	150~200
工　　　长	工时	3.8	4.5	5.4	6.3
高　级　工	工时	19.1	22.5	26.6	31.3
中　级　工	工时	32.4	38.2	45.1	53.3
初　级　工	工时	24.8	29.3	34.5	40.7
合　　　计	工时	80.1	94.5	111.6	131.6
刀　具　432mm	套	0.12	0.16	0.29	0.56
钢　　　材	kg	6.42	7.55	8.92	10.52
电　焊　条	kg	1.61	1.89	2.23	2.64
水	m³	52.52	72.72	83.83	93.93
其他材料费	%	5	5	5	5
双护盾 TBM　Φ10m	台时	1.01	1.19	1.41	1.66
轴流通风机　2×315kW	台时	1.62	1.91	2.25	2.66
电　焊　机　25kVA	台时	0.41	0.48	0.56	0.66
其他机械费	%	1	1	1	1
石　渣　运　输	m³	102	102	102	102
编　　　号		GT081	GT082	GT083	GT084

T-1-4 预制钢筋混凝土管片安装

适用范围:双护盾TBM掘进,预制钢筋混凝土管片安装。

工作内容:管片吊运、清除污物、安装连接栓及导向杆、就位、校准、安装、测量。

单位:100m³

项 目	单位	隧洞开挖直径(m)			
		4	5	6	7
工 长	工时	22.4	20.2	18.8	17.4
高 级 工	工时				
中 级 工	工时	22.2	20.2	18.8	17.4
初 级 工	工时	111.4	100.9	94.3	86.9
合 计	工时	156.0	141.3	131.9	121.7
预制钢筋混凝土管片	m³	(101.00)	(101.00)	(101.00)	(101.00)
定 位 销	套	253.00	172.00	131.00	111.00
导 向 杆	个	253.00	172.00	131.00	111.00
其他材料费	%	5	5	5	5
管片吊运安装系统	台时	13.82	13.26	11.78	11.38
其他机械费	%	5	5	5	5
管 片 运 输	m³	101	101	101	101
编 号		GT085	GT086	GT087	GT088

项 目	单位	隧洞开挖直径(m)		
		8	9	10
工　　长	工时	15.8	14.5	13.2
高　级　工	工时			
中　级　工	工时	15.8	14.5	13.2
初　级　工	工时	78.9	72.8	66.0
合　　计	工时	110.5	101.8	92.4
预制钢筋混凝土管片	m³	(101.00)	(101.00)	(101.00)
定　位　销	套	89.00	77.00	67.00
导　向　杆	个	89.00	77.00	67.00
其他材料费	%	5	5	5
管片吊运安装系统	台时	10.99	9.56	9.18
其他机械费	%	5	5	5
管片运输	m³	101	101	101
编　　号		GT089	GT090	GT091

T-1-5　豆砾石回填及灌浆

适用范围:双护盾 TBM 掘进,豆砾石回填及灌浆。

工作内容:吹填豆砾石、制浆、注浆、封孔、记录、质量检查、孔位转移等。

单位:100m³

项　　目	单位	数　　量
工　　长	工时	39.7
高　级　工	工时	79.2
中　级　工	工时	396.1
初　级　工	工时	752.7
合　　计	工时	1267.7
豆　砾　石	m³	106.05
水　泥　32.5	t	54.24
水	m³	42.35
其他材料费	%	2.00
豆砾石喷射系统	台时	58.85
灌　浆　系　统	台时	117.71
其他机械费	%	2.00
豆砾石回填及灌浆材料运输	m³	106.05
编　　号		GT092

T-1-6 钢拱架安装

适用范围:TBM 掘进,钢拱架安装。

工作内容:钢拱架运输、安装。

单位:t

项　　　目	单位	数　　　量
工　　　长	工时	0.3
高　级　工	工时	
中　级　工	工时	0.8
初　级　工	工时	2.6
合　　　计	工时	3.7
型　钢　拱　架	t	1.03
电　焊　条	kg	2.92
其他材料费	%	1
钢拱安装器	台时	0.52
电　焊　机　25kVA	台时	0.73
其他机械费	%	2
编　　　号		GT093

T-1-7　喷混凝土

适用范围:TBM掘进,喷混凝土作业。

工作内容:配料、上料、搅拌、喷射、处理回弹料、养护。

单位:100m³

项　　　目	单位	有钢筋			无钢筋		
		喷射厚度(mm)					
		5~10	10~15	15~20	5~10	10~15	15~20
工　　　长	工时	16.3	14.8	13.5	16.0	14.5	13.2
高　级　工	工时	97.8	89.0	80.9	95.9	87.1	79.2
中　级　工	工时	32.6	29.7	27.0	31.9	29.0	26.4
初　级　工	工时	195.7	177.9	161.7	191.9	174.4	158.5
合　　　计	工时	342.4	311.4	283.1	335.7	305.0	277.3
水　　　泥	t	49.74	49.74	49.74	47.75	47.75	47.75
砂　　　子	m³	68.51	68.51	68.51	66.71	66.71	66.71
小　　　石	m³	64.19	64.19	64.19	62.56	62.56	62.56
速　凝　剂	t	1.65	1.65	1.65	1.62	1.62	1.62
水	m³	40.40	40.40	40.40	40.40	40.40	40.40
其他材料费	%	3	3	3	3	3	3
混凝土喷射系统　20m³/h	台时	21.53	19.57	17.80	21.10	19.19	17.44
其他机械费	%	3	3	3	3	3	3
编　　　号		GT094	GT095	GT096	GT097	GT098	GT099

T-1-8 钢筋网制作及安装

适用范围:TBM 掘进,钢筋网制作及安装。

工作内容:回直、除锈、切筋、焊接、安装。

单位:t

项 目	单位	数 量
工 长	工时	3.1
高 级 工	工时	2.2
中 级 工	工时	26.0
初 级 工	工时	31.2
合 计	工时	62.5
钢 筋	t	1.04
电 焊 条	kg	8.06
其他材料费	%	1
钢筋网安装器	台时	0.65
钢筋调直机 14kW	台时	0.70
风 砂 枪	台时	1.89
钢筋切断机 20kW	台时	0.47
电 焊 机 25kVA	台时	9.99
其他机械费	%	2
编 号		GT100

T-1-9 锚固剂锚杆

适用范围:TBM 掘进,锚杆作业。

工作内容:钻孔、锚杆制作安装、砂浆拌制、封孔、锚定。

(1)锚杆长度2m

单位:100 根

项　　　目	单位	单轴抗压强度(MPa)			
		≤50	50~100	100~150	150~200
工　　　长	工时	4.8	4.9	4.9	5.0
高　级　工	工时	16.3	16.5	16.6	16.8
中　级　工	工时				
初　级　工	工时	16.3	16.5	16.6	16.8
合　　　计	工时	37.4	37.9	38.1	38.6
钻　　　头	个	0.37	0.39	0.40	0.42
钻　　　杆	kg	0.44	0.47	0.48	0.52
钢　筋　φ18	kg	445.41	445.41	445.41	445.41
φ20	kg	549.44	549.44	549.44	549.44
φ22	kg	664.58	664.58	664.58	664.58
锚 杆 附 件	kg	145	145	145	145
锚　固　剂	m³	0.26	0.26	0.26	0.26
其他材料费	%	3	3	3	3
锚 杆 钻 机	台时	2.14	2.36	2.60	2.86
其他机械费	%	5	5	5	5
编　　　号		GT101	GT102	GT103	GT104

（2）锚杆长度 3m

项　　目	单位	单轴抗压强度（MPa）			
		≤50	50～100	100～150	150～200
工　　　长	工时	5.5	5.5	5.6	5.6
高　级　工	工时	18.1	18.2	18.4	18.6
中　级　工	工时				
初　级　工	工时	18.0	18.2	18.3	18.6
合　　　计	工时	41.6	41.9	42.3	42.8
钻　　头	个	0.56	0.59	0.61	0.64
钻　　杆	kg	0.67	0.71	0.73	0.77
钢　筋　φ18	kg	656.50	656.50	656.50	656.50
φ20	kg	811.03	811.03	811.03	811.03
φ22	kg	980.71	980.71	980.71	980.71
φ25	kg	1266.54	1266.54	1266.54	1266.54
锚杆附件	kg	145	145	145	145
锚　固　剂	m³	0.39	0.39	0.39	0.39
其他材料费	%	3	3	3	3
锚杆钻机	台时	3.22	3.54	3.90	4.28
其他机械费	%	5	5	5	5
编　　　号		GT105	GT106	GT107	GT108

T-1-10 内燃机车出渣

适用范围:双护盾TBM掘进,平洞有轨出渣。

工作内容:装载、组车、运输、卸除、空回。

单位:100m³

项　　目	单位	隧洞开挖直径(m)					
		4～6		6～8		8～10	
		洞　长　(km)					
		5.0	增5.0	5.0	增5.0	5.0	增5.0
工　　长	工时	3.4		2.9		2.2	
高　级　工	工时						
中　级　工	工时	28.5		24.5		18.7	
初　级　工	工时	57.1		49.0		37.5	
合　　计	工时	89.0		76.4		58.4	
零星材料费	%	1		1		1	
内燃机车　132kW	台时	5.92	0.99				
内燃机车　176kW	台时			4.42	0.74		
内燃机车　220kW	台时					2.92	0.48
出　渣　车　10m³	台时	86.87	14.47				
出　渣　车　15m³	台时			70.86	11.81		
出　渣　车　20m³	台时					57.55	9.60
液压翻车机　15kW	台时	2.70					
液压翻车机　20kW	台时			1.97			
液压翻车机　30kW	台时					1.77	
其他机械费	%	3		3		3	
编　　号		GT109	GT110	GT111	GT112	GT113	GT114

注:1.敞开式TBM掘进时,定额中的内燃机车乘以1.3。

　　2.不足5km按5km计算。

T-1-11　胶带输送机出渣

适用范围:TBM 掘进,胶带输送机出渣。

工作内容:料斗进料、运输、卸于洞口。

单位:100m³

项　　目	单位	隧洞开挖直径(m)			
		4	5	6	7
工　　长	工时				
高　级　工	工时				
中　级　工	工时	9.2	7.2	5.9	4.7
初　级　工	工时	27.5	21.5	17.7	14.1
合　　计	工时	36.7	28.7	23.6	18.8
零星材料费	%	1	1	1	1
胶带输送机	组时	4.72	3.33	2.61	1.99
推　土　机　59kW	台时	0.65	0.65	0.65	0.65
其他机械费	%	3	3	3	3
编　　号		GT115	GT116	GT117	GT118

项　目	单位	隧洞开挖直径(m)		
		8	9	10
工　长	工时			
高级工	工时			
中级工	工时	4.0	3.5	3.4
初级工	工时	12.2	10.4	10.0
合　计	工时	16.2	13.9	13.4
零星材料费	%	1	1	1
胶带输送机	组时	1.63	1.35	1.19
推土机 59kW	台时	0.65	0.65	0.65
其他机械费	%	3	3	3
编　号		GT119	GT120	GT121

T-1-12　预制钢筋混凝土管片运输

适用范围:双护盾 TBM 开挖机车出渣时,洞外组车场至掘进机工作面的
　　　　　管片运输。

工作内容:起吊、行车配合、垫道木、装车、组车、运输、空回等。

单位:100m³

项　　目	单位	隧洞开挖直径(m)					
		4 ~ 6		6 ~ 8		8 ~ 10	
		洞　　长　(km)					
		5.0	增5.0	5.0	增5.0	5.0	增5.0
工　　　　长	工时						
高　级　工	工时						
中　级　工	工时	61.6		41.3		29.6	
初　级　工	工时	153.9		103.2		73.9	
合　　　计	工时	215.5		144.5		103.5	
木　　　材	m³	0.46		0.40		0.35	
其他材料费	%	10		10		10	
龙门式起重机　5t	台时	15.24					
龙门式起重机　10t	台时			8.88		6.75	
内燃机车　132kW	台时	8.72	1.46				
内燃机车　176kW	台时			6.51	1.08		
内燃机车　220kW	台时					3.89	0.65
管　片　车　5t	台时	174.4	29.07				
管　片　车　10t	台时			122.09	20.35		
管　片　车　15t	台时					77.78	12.96
电瓶机车　5t	台时	20.00		16.67		13.72	
其他机械费	%	3		3		3	
编　　　号		GT122	GT123	GT124	GT125	GT126	GT127

注:不足5km 按5km 计算。

T-1-13　豆砾石及灌浆材料运输

适用范围:双护盾 TBM 开挖机车出渣时,工地豆砾石及灌浆材料存放场至掘进机工作面的运输。

工作内容:装车、行车配合、组车、运输等。

单位:100m³

项　　目	单位	隧洞开挖直径(m)					
		4~6		6~8		8~10	
		洞　长　(km)					
		5.0	增5.0	5.0	增5.0	5.0	增5.0
工　　　长	工时						
高　级　工	工时						
中　级　工	工时	126.5		109.3		71.8	
初　级　工	工时	196.6		170.9		114.6	
合　　　计	工时	323.1		280.2		186.4	
零星材料费	%	1		1		1	
装　载　机　1m³	台时	1.30		1.30		1.30	
推　土　机　74kW	台时	0.65		0.65		0.65	
内燃机车　132kW	台时	6.34	1.06				
内燃机车　176kW	台时			5.29	0.89		
内燃机车　220kW	台时					3.91	0.65
豆砾石车　6m³	台时	92.69	15.45				
豆砾石车　8m³	台时			68.85	11.48	73.26	12.21
水泥罐车　4t	台时	60.39	10.07				
水泥罐车　6t	台时			44.98	7.50	47.86	7.98
其他机械费	%	3		3		3	
编　　　号		GT128	GT129	GT130	GT131	GT132	GT133

注:不足5km按5km计算。

T-1-14 洞内混凝土运输

适用范围:敞开式TBM洞内混凝土运输。

工作内容:等装、等卸、重运、空回、清洗。

单位:100m³

项　　目	单位	隧洞开挖直径(m)					
		4~6		6~8		8~10	
		洞　长　(km)					
		5.0	增5.0	5.0	增5.0	5.0	增5.0
工　　长	工时	2.0		1.2		0.9	
高　级　工	工时	14.3		9.6		7.2	
中　级　工	工时	11.4		7.7		5.8	
初　级　工	工时	35.3		23.8		17.9	
合　　计	工时	63.0		42.3		31.8	
零星材料费	%	2		2		2	
内 燃 机 车　88kW	台时	7.56	3.78				
内 燃 机 车　132kW	台时			5.09	2.54		
内 燃 机 车　176kW	台时					3.80	1.91
轨轮式混凝土搅拌运输车　4m³	台时	45.36	11.34				
轨轮式混凝土搅拌运输车　6m³	台时			30.52	7.63		
轨轮式混凝土搅拌运输车　8m³	台时					22.85	5.71
编　　号		GT134	GT135	GT136	GT137	GT138	GT139

注:不足5km按5km计算。

T-2　盾构施工

T-2-1 盾构安装调试及拆除

(1)盾构安装调试

适用范围:盾构安装调试。

工作内容:起吊机械设备及盾构载运车就位,盾构吊入井底基座,盾构及后配套台车安装调试。

单位:台次

项 目	单位	隧洞开挖直径(m)			
		4	5	6	7
工 长	工时	744.8	985.4	1135.5	1285.4
高 级 工	工时	1489.6	1970.9	2270.8	2570.9
中 级 工	工时	3724.1	4927.2	5677.2	6427.2
初 级 工	工时	1489.6	1970.9	2270.8	2570.9
合 计	工时	7448.1	9854.4	11354.3	12854.4
型 钢	kg	454.50	505.00	636.30	767.60
钢 板(中厚)	kg	1565.50	2020.00	2121.00	2171.50
钢 材	kg	787.80	808.00	848.40	929.20
钢 丝 绳	kg	121.20	151.50	171.70	191.90
木 材	m³	2.59	3.02	3.23	3.49
橡 胶 板	kg	25.25	27.78	30.30	32.83
电 焊 条	kg	41.21	48.83	58.93	69.54
带 帽 螺 栓	kg	161.60	212.10	262.60	313.10
其他材料费	%	5	5	5	5
汽车式起重机 25t	台时	88.68	94.25	99.14	110.16
汽车式起重机 50t	台时	146.88	171.36	183.60	195.84
汽车式起重机 100t	台时	33.05	37.33	41.62	45.90
汽车式起重机 200t	台时	33.05	37.33	41.62	45.90
龙门式起重机 30t	台时	134.64	151.98	169.32	186.66
卷 扬 机 单筒慢速10t	台时	154.22	176.26	198.29	219.10
电 焊 机 25kVA	台时	353.25	438.68	462.92	485.81
其他机械费	%	3	3	3	3
编 号		GT140	GT141	GT142	GT143

项　目	单位	隧洞开挖直径（m）			
		8	9	10	11
工　　长	工时	1506.3	1727.1	1947.9	2168.8
高　级　工	工时	3012.5	3454.2	3895.9	4337.5
中　级　工	工时	7531.4	8635.6	9739.8	10843.9
初　级　工	工时	3012.5	3454.2	3895.9	4337.5
合　　计	工时	15062.7	17271.1	19479.5	21687.7
型　　钢	kg	898.90	1030.20	1161.50	1292.80
钢　板（中厚）	kg	2545.20	2918.90	3292.60	3666.30
钢　　材	kg	1010.00	1090.80	1171.60	1252.40
钢　丝　绳	kg	212.10	232.30	252.50	272.70
木　　材	m³	3.99	4.47	4.97	5.45
橡　胶　板	kg	35.35	37.88	40.40	42.93
电　焊　条	kg	82.59	95.65	108.70	121.75
带　帽　螺栓	kg	328.76	344.41	360.07	375.72
其他材料费	%	5	5	5	5
汽车式起重机　25t	台时	117.32	124.48	131.64	138.80
汽车式起重机　50t	台时	214.44	233.05	251.65	270.26
汽车式起重机　100t	台时	57.38	68.85	80.33	91.80
汽车式起重机　200t	台时	57.38	68.85	80.33	91.80
龙门式起重机　30t	台时	227.21	267.75	308.30	348.84
卷　扬　机　单筒慢速10t	台时	239.90	260.71	281.52	302.33
电　焊　机　25kVA	台时	557.65	629.50	701.35	773.20
其他机械费	%	3	3	3	3
编　　号		GT144	GT145	GT146	GT147

（2）盾构拆除

适用范围:盾构拆除。

工作内容:起吊设备及附属设备就位,拆除盾构与车架连杆,盾构吊出井口,上托架装车。

单位:台次

项 目	单位	隧洞开挖直径(m)			
		4	5	6	7
工 长	工时	501.5	663.9	761.3	857.0
高 级 工	工时	1003.0	1327.9	1522.5	1713.9
中 级 工	工时	2507.5	3319.6	3806.4	4284.8
初 级 工	工时	1003.0	1327.9	1522.5	1713.9
合 计	工时	5015.0	6639.3	7612.7	8569.6
型 钢	kg	323.20	353.50	444.40	535.30
钢 材	kg	626.20	646.40	676.70	747.40
钢 板(中厚)	kg	868.60	1151.40	1212.00	1242.30
钢 丝 绳	kg	121.20	151.50	171.70	191.90
枕 木	m³	2.74	3.22	3.43	3.70
电 焊 条	kg	58.33	76.00	81.05	86.36
其他材料费	%	5	5	5	5
汽车式起重机 25t	台时	45.06	51.51	57.95	64.38
汽车式起重机 50t	台时	98.73	116.25	123.41	130.56
汽车式起重机 100t	台时	26.83	31.29	35.77	40.24
汽车式起重机 200t	台时	26.83	31.29	35.77	40.24
龙门式起重机 30t	台时	93.45	105.52	117.60	129.66
卷 扬 机 单筒慢速10t	台时	56.33	64.38	72.43	80.04
电 焊 机 25kVA	台时	129.04	160.25	169.11	177.51
其他机械费	%	3	3	3	3
编 号		GT148	GT149	GT150	GT151

项　　目	单位	隧洞开挖直径(m)			
		8	9	10	11
工　　　长	工时	1004.6	1152.2	1299.8	1447.4
高　级　工	工时	2009.1	2304.3	2599.5	2894.7
中　级　工	工时	5022.8	5760.8	6498.8	7236.8
初　级　工	工时	2009.1	2304.3	2599.5	2894.7
合　　　计	工时	10045.6	11521.6	12997.6	14473.6
型　　　钢	kg	626.20	717.10	808.00	898.90
钢　　　材	kg	818.10	888.80	959.50	1030.20
钢　板(中厚)	kg	1469.55	1696.80	1924.05	2151.30
钢　丝　绳	kg	212.10	232.30	252.50	272.70
枕　　　木	m³	4.23	4.76	5.29	5.82
电　焊　条	kg	103.78	121.20	138.62	156.05
其他材料费	%	5	5	5	5
汽车式起重机　25t	台时	68.57	72.76	76.94	81.13
汽车式起重机　50t	台时	143.21	155.85	168.49	181.14
汽车式起重机　100t	台时	50.31	60.36	70.42	80.48
汽车式起重机　200t	台时	50.31	60.36	70.42	80.48
龙门式起重机　30t	台时	157.88	186.09	214.30	242.52
卷　扬　机　单筒慢速10t	台时	87.64	95.24	102.84	110.44
电　焊　机　25kVA	台时	203.80	230.09	256.38	282.67
其他机械费	%	3	3	3	3
编　　　号		GT152	GT153	GT154	GT155

T-2-2　刀盘式土压平衡盾构掘进

适用范围:刀盘式土压平衡盾构掘进。

工作内容:操作盾构掘进、供气通风、测量、干式出土、维护等。

(1)负环段掘进

单位:100m³

项　目	单位	隧洞开挖直径(m)			
		4	5	6	7
工　长	工时	37.4	27.5	20.8	17.1
高级工	工时	74.8	55.0	41.7	34.3
中级工	工时	186.8	137.6	104.2	85.7
初级工	工时	74.8	55.0	41.7	34.3
合　计	工时	373.8	275.1	208.4	171.4
混凝土　C20	m³	2.09	1.84	1.65	1.47
电焊条	kg	15.14	11.59	9.36	7.73
水	m³	219.53	199.34	190.27	183.91
锭子油　20#机油	kg	159.62	143.23	134.73	132.92
其他材料费	%	5	5	5	5
刀盘式土压平衡盾构机	台时	8.66	6.71	5.40	4.42
轴流通风机　2×55kW	台时	14.86	11.34	9.21	7.58
电焊机　25kVA	台时	7.64	5.85	4.73	3.91
空压机　电动6m³/min	台时	16.66	12.84	10.37	8.52
离心水泵　电动单级22kW	台时	17.81	13.65	11.04	9.09
其他机械费	%	1	1	1	1
编　号		GT156	GT157	GT158	GT159

项　　　目	单位	隧洞开挖直径（m）			
		8	9	10	11
工　　长	工时	15.1	13.2	11.8	11.0
高　级　工	工时	30.4	26.4	23.8	22.1
中　级　工	工时	75.9	66.0	59.4	55.2
初　级　工	工时	30.4	26.4	23.8	22.1
合　　计	工时	151.8	132.0	118.8	110.4
混　凝　土　C20	m³	1.28	1.09	0.90	0.70
电　焊　条	kg	6.80	5.86	4.92	3.99
水	m³	166.32	148.73	131.14	113.55
锭　子　油　20#机油	kg	130.68	116.90	103.11	89.32
其他材料费	%	5	5	5	5
刀盘式土压平衡盾构机	台时	3.67	3.10	2.65	2.30
轴流通风机　2×55kW	台时	6.66	5.74	4.82	3.91
电　焊　机　25kVA	台时	3.43	2.96	2.49	2.01
空　压　机　电动6m³/min	台时	7.49	6.46	5.43	4.40
离心水泵　电动单级22kW	台时	7.99	6.89	5.78	4.68
其他机械费	%	1	1	1	1
编　　　号		GT160	GT161	GT162	GT163

(2)出洞段掘进

单位:100m³

项　目	单位	隧洞开挖直径(m)			
		4	5	6	7
工　　长	工时	18.7	13.1	9.6	8.2
高　级　工	工时	37.5	26.2	19.1	16.5
中　级　工	工时	93.6	65.4	47.7	41.1
初　级　工	工时	37.5	26.2	19.1	16.5
合　　计	工时	187.3	130.9	95.5	82.3
电　焊　条	kg	7.35	5.67	4.52	3.68
水	m³	219.53	209.67	173.41	153.58
锭　子　油　20#机油	kg	157.93	141.07	140.00	137.85
油　脂	kg	142.73	114.56	95.31	81.90
其他材料费	%	5	5	5	5
刀盘式土压平衡盾构机	台时	16.95	13.06	10.43	8.53
轴流通风机　2×55kW	台时	14.54	11.11	8.88	7.31
离心水泵　电动单级22kW	台时	17.28	13.28	10.66	8.74
电　焊　机　25kVA	台时	3.71	2.87	2.28	1.86
其他机械费	%	1	1	1	1
编　　号		GT164	GT165	GT166	GT167

项　　　目	单位	隧洞开挖直径(m)			
		8	9	10	11
工　　长	工时	7.3	6.4	5.8	5.4
高　级　工	工时	14.6	12.8	11.5	10.8
中　级　工	工时	36.6	31.9	28.8	27.0
初　级　工	工时	14.6	12.8	11.5	10.8
合　　计	工时	73.1	63.9	57.6	54.0
电　焊　条	kg	3.24	2.82	2.39	1.97
水	m³	122.69	91.81	60.92	30.04
锭　子　油 20#机油	kg	125.19	112.52	99.87	87.20
油　　脂	kg	74.43	66.96	59.50	52.03
其他材料费	%	5	5	5	5
刀盘式土压平衡盾构机	台时	7.15	6.07	5.19	4.53
轴流通风机　2×55kW	台时	6.45	5.58	4.72	3.86
离心水泵　电动单级 22kW	台时	7.71	6.68	5.65	4.62
电　焊　机　25kVA	台时	1.64	1.43	1.21	1.00
其他机械费	%	1	1	1	1
编　　　号		GT168	GT169	GT170	GT171

(3) 正常段掘进

项　　目	单位	隧洞开挖直径(m)			
		4	5	6	7
工　　长	工时	10.2	7.1	5.7	4.6
高　级　工	工时	20.3	14.1	11.2	9.2
中　级　工	工时	50.8	35.3	28.2	23.0
初　级　工	工时	20.3	14.1	11.2	9.2
合　　计	工时	101.6	70.6	56.3	46.0
电　焊　条	kg	4.04	3.15	2.51	2.06
水	m³	114.03	110.24	91.20	84.37
锭　子　油　20#机油	kg	82.75	74.05	73.94	72.04
油　　脂	kg	142.73	114.56	95.31	81.90
其他材料费	%	5	5	5	5
刀盘式土压平衡盾构机	台时	9.35	7.23	5.77	4.71
轴流通风机　2×55kW	台时	15.87	12.29	9.84	8.05
离心水泵　电动单级22kW	台时	9.53	7.35	5.94	4.82
电　焊　机　25kVA	台时	2.04	1.59	1.26	1.04
其他机械费	%	1	1	1	1
编　　号		GT172	GT173	GT174	GT175

项　　目	单位	隧洞开挖直径(m)			
		8	9	10	11
工　　长	工时	4.1	3.6	3.1	2.6
高　级　工	工时	8.2	7.2	6.2	5.2
中　级　工	工时	20.5	17.9	15.5	12.9
初　级　工	工时	8.2	7.2	6.2	5.2
合　　计	工时	41.0	35.9	31.0	25.9
电　焊　条	kg	1.75	1.44	1.14	0.84
水	m³	76.06	67.75	59.44	51.14
锭　子　油　20#机油	kg	68.38	60.91	53.46	46.00
油　　脂	kg	74.43	66.96	59.50	52.03
其他材料费	%	5	5	5	5
刀盘式土压平衡盾构机	台时	3.95	3.36	2.90	2.48
轴流通风机　2×55kW	台时	6.86	5.67	4.48	3.29
离心水泵　电动单级22kW	台时	4.11	3.40	2.68	1.97
电　焊　机　25kVA	台时	0.89	0.73	0.58	0.42
其他机械费	%	1	1	1	1
编　　号		GT176	GT177	GT178	GT179

（4）进洞段掘进

单位:100m³

项　目	单位	隧洞开挖直径（m）			
		4	5	6	7
工　　长	工时	12.8	9.0	6.5	5.8
高　级　工	工时	25.5	17.8	13.0	11.5
中　级　工	工时	64.0	44.6	32.4	28.7
初　级　工	工时	25.5	17.8	13.0	11.5
合　　计	工时	127.8	89.2	64.9	57.5
电　焊　条	kg	5.16	4.01	3.19	2.58
水	m³	145.23	141.07	116.15	106.16
锭子油 20#机油	kg	106.38	95.57	94.21	90.63
油　　脂	kg	142.73	114.56	95.31	81.90
其他材料费	%	5	5	5	5
刀盘式土压平衡盾构机	台时	11.86	9.16	7.32	5.93
轴流通风机　2×55kW	台时	20.22	15.79	12.44	10.07
离心水泵　电动单级 22kW	台时	12.03	9.40	7.49	6.03
电　焊　机　25kVA	台时	2.61	2.03	1.61	1.30
其他机械费	%	1	1	1	1
编　　号		GT180	GT181	GT182	GT183

项　目	单位	隧洞开挖直径(m)			
		8	9	10	11
工　　长	工时	5.0	4.4	3.9	3.7
高　级　工	工时	10.1	8.8	7.8	7.3
中　级　工	工时	25.3	21.9	19.7	18.3
初　级　工	工时	10.1	8.8	7.8	7.3
合　　计	工时	50.5	43.9	39.2	36.6
电　焊　条	kg	2.26	1.94	1.63	1.31
水	m³	96.01	85.85	75.70	65.54
锭 子 油　20#机油	kg	86.28	77.17	68.06	58.95
油　脂	kg	74.43	66.96	59.50	52.03
其他材料费	%	5	5	5	5
刀盘式土压平衡盾构机	台时	4.89	4.11	3.50	3.02
轴流通风机　2×55kW	台时	8.83	7.60	6.36	5.13
离心水泵　电动单级22kW	台时	5.29	4.55	3.80	3.07
电　焊　机　25kVA	台时	1.14	0.98	0.83	0.66
其他机械费	%	1	1	1	1
编　　号		GT184	GT185	GT186	GT187

T-2-3 刀盘式泥水平衡盾构掘进

适用范围:刀盘式泥水平衡盾构掘进。

工作内容:操作盾构掘进、供气通风、测量、水力出土、维护等。

(1)负环段掘进

单位:100m³

项　目	单位	隧洞开挖直径(m)			
		4	5	6	7
工　　　长	工时	42.6	29.4	23.3	15.5
高　级　工	工时	85.3	58.7	46.5	30.9
中　级　工	工时	213.2	146.8	116.2	77.3
初　级　工	工时	85.3	58.7	46.5	30.9
合　　　计	工时	426.4	293.6	232.5	154.6
混　凝　土　C20	m³	2.09	1.84	1.65	1.47
电　焊　条	kg	14.34	11.29	9.14	7.73
锭　子　油　20#机油	kg	213.66	177.24	163.26	130.13
其他材料费	%	5	5	5	5
刀盘式泥水平衡盾构机	台时	8.30	6.49	5.26	4.44
泥水处理系统	组时	8.30	6.49	5.26	4.44
轴流通风机　2×55kW	台时	14.09	11.06	9.00	7.56
离心水泵　电动单级22kW	台时	16.85	13.25	10.73	9.09
电　焊　机　25kVA	台时	7.24	5.70	4.61	3.90
空　压　机　电动6m³/min	台时	15.84	12.42	10.13	8.51
其他机械费	%	1	1	1	1
编　　　号		GT188	GT189	GT190	GT191

项　目	单位	隧洞开挖直径(m)			
		8	9	10	11
工　　长	工时	13.8	12.2	11.1	10.5
高　级　工	工时	27.6	24.4	22.2	20.9
中　级　工	工时	68.9	60.9	55.6	52.3
初　级　工	工时	27.6	24.4	22.2	20.9
合　　计	工时	137.9	121.9	111.1	104.6
混　凝　土　C20	m³	1.17	0.97	0.82	0.70
电　焊　条	kg	6.88	6.03	5.18	4.33
锭　子　油　20#机油	kg	125.49	119.58	113.41	107.40
其他材料费	%	5	5	5	5
刀盘式泥水平衡盾构机	台时	3.75	3.22	2.82	2.49
泥水处理系统	组时	3.75	3.22	2.82	2.49
轴流通风机　2×55kW	台时	6.73	5.91	5.08	4.25
离心水泵　电动单级 22kW	台时	8.09	7.09	6.09	5.09
电　焊　机　25kVA	台时	3.47	3.04	2.61	2.18
空　压　机　电动 6m³/min	台时	7.58	6.65	5.72	4.78
其他机械费	%	1	1	1	1
编　　号		GT192	GT193	GT194	GT195

(2)出洞段掘进

项　　目	单位	隧洞开挖直径(m)			
		4	5	6	7
工　　长	工时	19.1	13.6	11.1	9.0
高　级　工	工时	38.2	27.3	22.2	17.9
中　级　工	工时	95.5	68.2	55.5	44.8
初　级　工	工时	38.2	27.3	22.2	17.9
合　　计	工时	191.0	136.4	111.0	89.6
电　焊　条	kg	7.65	5.99	4.82	3.98
锭子油 20#机油	kg	173.93	155.63	154.61	127.37
油　　脂	kg	142.73	114.56	95.31	81.90
其他材料费	%	5	5	5	5
刀盘式泥水平衡盾构机	台时	17.63	13.71	11.05	9.17
泥水处理系统	组时	17.63	13.71	11.05	9.17
轴流通风机　2×55kW	台时	15.05	11.73	9.41	7.82
离心水泵　电动单级22kW	台时	36.01	28.07	22.62	18.70
电　焊　机　25kVA	台时	3.86	3.03	2.43	2.01
其他机械费	%	1	1	1	1
编　　号		GT196	GT197	GT198	GT199

项　　目	单位	隧洞开挖直径(m)			
		8	9	10	11
工　　长	工时	7.6	6.3	5.5	4.7
高　级　工	工时	15.1	12.7	10.8	9.5
中　级　工	工时	37.9	31.6	27.1	23.8
初　级　工	工时	15.1	12.7	10.8	9.5
合　　计	工时	75.7	63.3	54.2	47.5
电　焊　条	kg	3.54	3.09	2.65	2.20
锭　子　油　20#机油	kg	119.90	112.42	104.95	97.48
油　　脂	kg	74.43	66.96	59.50	52.03
其他材料费	%	5	5	5	5
刀盘式泥水平衡盾构机	台时	7.73	6.61	5.74	5.04
泥水处理系统	组时	7.73	6.61	5.74	5.04
轴流通风机　2×55kW	台时	6.94	6.06	5.18	4.30
离心水泵　电动单级22kW	台时	16.61	14.51	12.42	10.33
电　焊　机　25kVA	台时	1.79	1.56	1.34	1.11
其他机械费	%	1	1	1	1
编　　号		GT200	GT201	GT202	GT203

(3)正常段掘进

单位:100m³

项　　目	单位	隧洞开挖直径(m)			
		4	5	6	7
工　　长	工时	8.1	5.8	4.7	3.8
高　级　工	工时	16.4	11.6	9.4	7.5
中　级　工	工时	40.9	28.9	23.5	18.8
初　级　工	工时	16.4	11.6	9.4	7.5
合　　计	工时	81.8	57.9	47.0	37.6
电　焊　条	kg	3.60	2.58	2.09	1.68
锭子油 20#机油	kg	71.81	64.33	63.44	61.50
油　　脂	kg	142.73	114.56	95.31	81.90
其他材料费	%	5	5	5	5
刀盘式泥水平衡盾构机	台时	7.47	5.82	4.67	3.86
泥水处理系统	组时	7.47	5.82	4.67	3.86
轴流通风机　2×55kW	台时	14.32	10.06	8.20	6.55
离心水泵　电动单级22kW	台时	17.12	12.00	9.86	7.87
电　焊　机　25kVA	台时	1.82	1.31	1.06	0.85
其他机械费	%	1	1	1	1
编　　号		GT204	GT205	GT206	GT207

项　　目	单位	隧洞开挖直径（m）			
		8	9	10	11
工　　长	工时	3.2	2.7	2.3	2.0
高　级　工	工时	6.4	5.3	4.5	3.9
中　级　工	工时	15.9	13.2	11.2	9.9
初　级　工	工时	6.4	5.3	4.5	3.9
合　　计	工时	31.9	26.5	22.5	19.7
电　焊　条	kg	1.47	1.27	1.08	0.88
锭 子 油 20#机油	kg	56.12	50.73	45.35	39.97
油　　脂	kg	74.43	66.96	59.50	52.03
其他材料费	%	5	5	5	5
刀盘式泥水平衡盾构机	台时	3.22	2.73	2.35	2.02
泥水处理系统	组时	3.22	2.73	2.35	2.02
轴流通风机　2×55kW	台时	5.34	4.14	2.93	1.72
离心水泵　电动单级 22kW	台时	6.94	6.00	5.06	4.12
电　焊　机　25kVA	台时	0.74	0.64	0.54	0.45
其他机械费	%	1	1	1	1
编　　号		GT208	GT209	GT210	GT211

(4)进洞段掘进

单位:100m³

项 目	单位	隧洞开挖直径(m)			
		4	5	6	7
工 长	工时	14.9	10.6	8.5	7.0
高 级 工	工时	29.9	21.1	17.1	14.0
中 级 工	工时	74.8	52.8	42.7	34.9
初 级 工	工时	29.9	21.1	17.1	14.0
合 计	工时	149.5	105.6	85.4	69.9
电 焊 条	kg	6.03	4.70	3.77	3.16
锭 子 油 20#机油	kg	135.10	121.05	118.23	87.12
油 脂	kg	142.73	114.56	95.31	81.90
其他材料费	%	5	5	5	5
刀盘式泥水平衡盾构机	台时	13.83	10.75	8.68	7.24
泥水处理系统	组时	13.83	10.75	8.68	7.24
轴流通风机 2×55kW	台时	23.66	18.39	14.84	12.36
离心水泵 电动单级22kW	台时	28.27	22.05	17.74	14.79
电 焊 机 25kVA	台时	3.04	2.37	1.91	1.59
其他机械费	%	1	1	1	1
编 号		GT212	GT213	GT214	GT215

项　　目	单位	隧洞开挖直径（m）			
		8	9	10	11
工　　长	工时	5.9	4.9	4.2	3.7
高　级　工	工时	11.7	9.8	8.4	7.3
中　级　工	工时	29.5	24.5	21.0	18.4
初　级　工	工时	11.7	9.8	8.4	7.3
合　　计	工时	58.8	49.0	42.0	36.7
电　焊　条	kg	2.80	2.44	2.09	1.73
锭子油 20#机油	kg	84.13	81.13	78.14	75.14
油　　脂	kg	74.43	66.96	59.50	52.03
其他材料费	%	5	5	5	5
刀盘式泥水平衡盾构机	台时	6.10	5.21	4.53	3.98
泥水处理系统	组时	6.10	5.21	4.53	3.98
轴流通风机　2×55kW	台时	10.12	7.87	5.63	3.40
离心水泵　电动单级 22kW	台时	13.13	11.45	9.78	8.12
电　焊　机　25kVA	台时	1.42	1.23	1.05	0.88
其他机械费	%	1	1	1	1
编　　　号		GT216	GT217	GT218	GT219

T-2-4　预制钢筋混凝土管片安装

适用范围:盾构掘进,预制钢筋混凝土管片安装。

工作内容:管片盾构吊运,就位,校准,安装,测量。

单位:100m³

项　　目	单位	隧洞开挖直径(m)			
		4	5	6	7
工　　长	工时	55.0	49.4	45.7	41.3
高　级　工	工时	110.0	98.8	91.5	82.7
中　级　工	工时	275.1	247.0	228.8	206.7
初　级　工	工时	110.0	98.8	91.5	82.7
合　　计	工时	550.1	494.0	457.5	413.4
预制钢筋混凝土管片	m³	(101.00)	(101.00)	(101.00)	(101.00)
管片连接螺栓	kg	1332.19	1478.46	1618.33	1776.29
其他材料费	%	1	1	1	1
管片吊运安装系统	台时	40.57	38.19	36.93	33.68
其他机械费	%	5	5	5	5
管片运输	m³	101	101	101	101
编　　号		GT220	GT221	GT222	GT223

项　　　　　目	单位	隧洞开挖直径(m)			
		8	9	10	11
工　　　　长	工时	40.8	40.2	39.6	38.9
高　级　工	工时	81.5	80.3	79.1	77.9
中　级　工	工时	203.7	200.7	197.7	194.7
初　级　工	工时	81.5	80.3	79.1	77.9
合　　　　计	工时	407.5	401.5	395.5	389.4
预制钢筋混凝土管片	m³	(101.00)	(101.00)	(101.00)	(101.00)
管片连接螺栓	kg	1934.25	2092.20	2250.16	2408.12
其他材料费	%	1	1	1	1
管片吊运安装系统	台时	31.18	28.67	26.17	23.66
其他机械费	%	5	5	5	5
管片运输	m³	101	101	101	101
编　　　　号		GT224	GT225	GT226	GT227

T-2-5 壁后注浆

适用范围:盾构掘进,盾尾同步压浆。

工作内容:制浆、运浆,盾尾同步压浆,补压浆,封堵、清洗。

单位:100m³

项　　目	单位	浆液种类		
		石膏、粉煤灰	石膏、黏土、粉煤灰	水泥、粉煤灰
工　　长	工时	50.4	49.5	48.5
高　级　工	工时	100.7	99.1	97.0
中　级　工	工时	201.5	198.2	194.1
初　级　工	工时	151.1	148.6	145.5
合　　计	工时	503.7	495.4	485.1
水　泥　42.5	t			16.26
粉　煤　灰	t	90.70	77.97	93.63
水　玻　璃	kg		1282.70	
膨　润　土	kg			3343.10
黏　　土	m³		3.03	
石　灰　膏	m³	12.52	10.00	
微　沫　剂	kg	12.73		10.10
高压皮龙管　Φ150mm×3m	根	0.40	0.40	0.40
盖　　堵　≤Φ75 mm	个	3.64	3.64	3.64
钢　　材	kg	121.00	121.00	121.00
其他材料费	%	6	6	6
电动卷扬机　单筒慢速3t	台时	48.20	48.20	48.20
灰浆搅拌机　200L	台时	67.47	67.47	67.47
盾构同步注浆系统	台时	32.13	32.13	32.13
其他机械费	%	5	5	5
编　　　号		GT228	GT229	GT230

T-2-6 洞口柔性接缝环

(1)临时阶段

适用范围:盾构掘进,洞口柔性接缝环。

工作内容:临时防水环板:盾构出洞后接缝处淤泥清理,钢板环圈定位、焊接、预留压浆孔。

　　　　　临时止水缝:洞口安装止水带及防水圈,环板安装后堵压,防水材料封堵。

项　　目	单位	临时防水环板(t)	临时止水缝(m)
工　　长	工时	13.1	3.7
高　级　工	工时	26.1	7.4
中　级　工	工时	65.3	18.4
初　级　工	工时	26.1	7.4
合　　计	工时	130.6	36.9
钢　　板(中厚)	kg	4.82	
带 帽 螺 栓	kg	4.71	1.32
枕　　木	m³	0.07	
水　泥　42.5	t		0.09
粗　　砂	m³		0.09
帘布橡胶条	kg		4.37
聚氨酯黏合剂	kg		20.18
聚氨酯泡沫塑料	kg		29.83
压浆孔螺丝	个	12.24	
电　焊　条	kg	32.66	
其他材料费	%	5	5
龙门式起重机　10t	台时	23.50	2.63
灌　浆　泵　中低压泥浆	台时		2.88
电　焊　机　25kVA	台时	56.00	
其他机械费	%	3	3
编　　号		GT231	GT232

(2)正式阶段

适用范围:盾构掘进,洞口柔性接缝环。

工作内容:拆除临时钢环板:钢环板环圈切割,吊装堆放;

拆除洞口环管片:拆除连接螺栓,吊车配合拆除管片,凿除涂料,壁面清洗;

安装钢环板:钢环板分块吊装,焊接固定;

柔性接缝环:包括壁内刷涂料,安放内外止水带,压乳胶水泥。

项　　　目	单位	拆除临时钢环板(t)	拆除洞口环管片(m³)	安装钢环板(t)	柔性接缝环(m)
工　　　长	工时	10.4	11.3	15.7	6.4
高　级　工	工时	20.9	22.8	31.3	12.7
中　级　工	工时	52.2	56.8	78.3	31.7
初　级　工	工时	20.9	22.8	31.3	12.7
合　　　计	工时	104.4	113.7	156.6	63.5
带　帽　螺　栓	kg			31.34	
枕　　　木	m³	0.05		0.08	
压　浆　孔　丝	个			6.06	
型　　　钢	kg	1.64			
电　焊　条	kg	3.97	1.67	92.68	
环　氧　树　脂	kg				0.75
乳　胶　水　泥	kg				78.90
外防水氯丁酚醛胶	kg				10.26
内防水橡胶止水带	m				1.06
氯　丁　橡　胶	kg				0.40
结皮海绵橡胶板	kg				28.53
焦油聚氨酯涂料	kg				2.55
聚苯乙烯硬泡沫塑料	m³				0.06
水膨胀橡胶圈	个			129.28	
螺　栓　套　管	个			129.28	
其他材料费	%	5	5	5	5
龙门式起重机　10t	台时	18.79	10.22	28.21	5.75
灌浆泵　中低压泥浆	台时				6.36
电焊机　25kVA	台时	6.55	12.18	67.20	
卷扬机　单筒慢速10t	台时		22.71		
空压机 电动移动式0.6m³/min	台时		5.69		
其他机械费	%	3	3	3	3
编　　　号		GT233	GT234	GT235	GT236

(3)洞口混凝土环圈

适用范围:盾构掘进,洞口混凝土环圈。

工作内容:配模,立模,拆模,钢筋制作、绑扎,洞口环圈混凝土浇捣、
养护。

单位:m³

项　　　目	单位	数　　　量
工　　　长	工时	7.7
高　级　工	工时	15.3
中　级　工	工时	38.4
初　级　工	工时	15.3
合　　　计	工时	76.7
混　凝　土　C25	m³	1.03
电　焊　条	kg	1.39
板　枋　材	m³	0.11
钢　　　筋	t	0.25
其他材料费	%	5
龙门式起重机　10t	台时	6.90
轴流通风机　7.5kW	台时	6.32
电　焊　机　25kVA	台时	2.01
其他机械费	%	3
混凝土拌制	m³	1.03
混凝土运输	m³	1.03
编　　　号		GT237

T-2-7 负环管片拆除

适用范围:盾构掘进,负环管片拆除。

工作内容:拆除后盾钢支撑、清除污泥杂物、拆除井内轨道、凿除后靠混凝土、切割连接螺栓、管片吊出井口。

单位:m

项 目	单位	隧洞开挖直径(m)			
		4	5	6	7
工 长	工时	17.0	19.7	30.4	41.1
高 级 工	工时	34.0	39.2	60.8	82.3
中 级 工	工时	85.0	98.3	151.9	205.7
初 级 工	工时	34.0	39.2	60.8	82.3
合 计	工时	170.0	196.4	303.9	411.4
钢 支 撑	kg	5.51	5.71	5.84	5.96
电 焊 条	kg	3.81	3.85	3.89	3.93
氧 气	m³	2.73	2.78	2.84	2.89
乙 炔 气	m³	0.91	0.93	0.95	0.96
其他材料费	%	5	5	5	5
履带式起重机 15t	台时	5.94	6.92	8.81	10.65
电 焊 机 25kVA	台时	7.10	8.20	10.47	12.67
空 压 机 电动0.6m³/min	台时	4.28	5.02	6.36	7.71
其他机械费	%	3	3	3	3
编 号		GT238	GT239	GT240	GT241

项　　　目	单位	隧洞开挖直径(m)			
		8	9	10	11
工　　长	工时	52.2	63.3	74.6	85.7
高　级　工	工时	104.5	126.8	149.0	171.3
中　级　工	工时	261.3	316.9	372.7	428.3
初　级　工	工时	104.5	126.8	149.0	171.3
合　　计	工时	522.5	633.8	745.3	856.6
钢　支　撑	kg	6.00	6.03	6.07	6.10
电　焊　条	kg	3.96	3.99	4.01	4.04
氧　　气	m^3	3.17	3.44	3.73	4.00
乙　炔　气	m^3	1.05	1.15	1.24	1.33
其他材料费	%	5	5	5	5
履带式起重机　15t	台时	11.84	13.04	14.23	15.42
电　焊　机　25kVA	台时	14.10	15.51	16.94	18.36
空　压　机　电动0.6m³/min	台时	8.62	9.52	10.42	11.32
其他机械费	%	3	3	3	3
编　　　号		GT242	GT243	GT244	GT245

T-2-8 洞内渣土运输

（1）刀盘式土压平衡盾构

适用范围:刀盘式土压平衡盾构掘进,洞内渣土运输。

工作内容:洞内装载、洞内外运输、卸除、空回。

单位:100m³

项　　　目	单位	隧洞开挖直径(m)					
		4～6		6～9		9～11	
		洞长1km	增200m	洞长1km	增200m	洞长1km	增200m
工　　　长	工时						
高　级　工	工时						
中　级　工	工时						
初　级　工	工时	69.7		25.6		14.3	
合　　　计	工时	69.7		25.6		14.3	
零星材料费	%	1		1		1	
龙门式起重机　15t	台时	5.24					
龙门式起重机　30t	台时			2.68		2.68	
电 瓶 机 车　8t	台时	17.69	0.28				
电 瓶 机 车　12t	台时			7.32	0.17		
电 瓶 机 车　18t	台时					5.74	0.14
平　　车　10t	台时	53.06	0.83				
平　　车　20t	台时			14.65	0.35	17.23	0.43
其他机械费	%	3		3		3	
编　　　号		GT246	GT247	GT248	GT249	GT250	GT251

注:运距按洞内洞外之和计算。

（2）刀盘式泥水平衡盾构

适用范围:刀盘式泥水平衡盾构掘进,洞内渣土排运。

工作内容:排泥泵排泥、管路维护。

单位:100m³

项　　　目	单位	隧洞开挖直径4m		隧洞开挖直径5m		隧洞开挖直径6m	
		排泥管线长度（m）					
		500	增排500	500	增排500	500	增排500
工　　　长	工时						
高　级　工	工时						
中　级　工	工时						
初　级　工	工时	17.6		14.3		11.6	
合　　　计	工时	17.6		14.3		11.6	
零星材料费	％	1		1		1	
排　泥　泵　110kW	台时	13.08	6.54				
排　泥　泵　132kW	台时			10.67	5.33		
排　泥　泵　160kW	台时					8.69	4.35
其他机械费	％	3		3		3	
编　　　号		GT252	GT253	GT254	GT255	GT256	GT257

注:排泥管线长度按洞内洞外之和计算。

项　　　目	单位	隧洞开挖直径7m		隧洞开挖直径8m		隧洞开挖直径9m	
		排泥管线长度（m）					
		500	增排500	500	增排500	500	增排500
工　　　长	工时						
高　级　工	工时						
中　级　工	工时						
初　级　工	工时	10.2		9.6		8.9	
合　　　计	工时	10.2		9.6		8.9	
零星材料费	%	1		1		1	
排　泥　泵　185kW	台时	7.63	3.81				
排　泥　泵　200kW	台时			7.12	3.56		
排　泥　泵　215kW	台时					6.63	3.32
其他机械费	%	3		3		3	
编　　　号		GT258	GT259	GT260	GT261	GT262	GT263

项　　　目	单位	隧洞开挖直径10m		隧洞开挖直径11m	
		排泥管线长度(m)			
		500	增排500	500	增排500
工　　　长	工时				
高　级　工	工时				
中　级　工	工时				
初　级　工	工时	8.2		7.5	
合　　　计	工时	8.2		7.5	
零星材料费	%	1		1	
排　泥　泵　230kW	台时	6.12	3.06		
排　泥　泵　250kW	台时			5.61	2.81
其他机械费	%	3		3	
编　　　号		GT264	GT265	GT266	GT267

T-2-9　预制钢筋混凝土管片运输

适用范围:盾构掘进,预制钢筋混凝土管片场内运输。

工作内容:起吊,行车配合、装车、垫木、运输等。

单位:100m³

项　　　目	单位	隧洞开挖直径(m)					
		4~6		6~9		9~11	
		洞长1km	增200m	洞长1km	增200m	洞长1km	增200m
工　　　长	工时						
高 级 工	工时						
中 级 工	工时						
初 级 工	工时	82.9		30.5		17.1	
合 　 计	工时	82.9		30.5		17.1	
零星材料费	%	1		1		1	
龙门式起重机　15t	台时	30.05					
龙门式起重机　30t	台时			14.31		5.72	
电瓶机车　8t	台时	39.67	1.00				
电瓶机车　12t	台时			18.48	0.47		
电瓶机车　18t	台时					7.62	0.19
平　　车　10t	台时	119.00	3.00				
平　　车　20t	台时			55.45	1.41	22.86	0.58
其他机械费	%	3		3		3	
编　　　号		GT268	GT269	GT270	GT271	GT272	GT273

T-3 其 他

T-3-1 预制钢筋混凝土管片

（1）管片预制

适用范围：掘进机掘进，钢筋混凝土管片预制。

工作内容：钢筋笼就位，皮带机运混凝土，混凝土浇捣、蒸汽养护，预制厂室内外运输堆放，模具拆卸清理、刷油，测量检验，质量检查等。

单位：100m³

项 目	单位	隧洞开挖直径（m）			
		4	5	6	7
工 长	工时	60.2	57.7	48.9	46.1
高 级 工	工时	180.6	173.1	146.7	138.5
中 级 工	工时	391.3	375.0	317.9	300.2
初 级 工	工时	1113.6	1067.5	904.5	854.6
合 计	工时	1745.7	1673.3	1418.0	1339.4
混 凝 土	m³	102.00	102.00	102.00	102.00
脱 模 剂	kg	123.81	123.27	103.08	97.00
垫 木	m³	0.60	0.46	0.43	0.40
铁 件	kg	12.12	12.12	12.12	12.12
其他材料费	%	5	5	5	5
复合式管片模具	台时	211.95	152.38	129.12	105.59
管片蒸汽养护及输送系统	台时	15.89	15.24	11.56	10.50
内燃叉车 6t	台时	17.67	16.76		
内燃叉车 10t	台时			11.56	11.00
桥式起重机 双梁5t	台时	17.67	16.76		
桥式起重机 双梁10t	台时	17.67	16.76	14.25	13.70
桥式起重机 双梁15t	台时			14.25	13.70
汽车起重机 8t	台时	8.97	8.76	8.40	
汽车起重机 16t	台时				6.23
载重汽车 10t	台时	20.62	19.61	18.49	
载重汽车 15t	台时				13.88
电动葫芦 5t	台时	37.09	36.57	32.28	30.00
工业锅炉 4t	台时	24.72	22.86	21.52	20.00
胶带输送机 固定式	组时	12.36	12.19	10.76	10.00
其他机械费	%	5	5	5	5
混凝土拌制	m³	102	102	102	102
编 号		GT274	GT275	GT276	GT277

项　　目	单位	隧洞开挖直径(m)			
		8	9	10	11
工　　长	工时	44.0	41.5	39.1	37.8
高　级　工	工时	131.8	124.6	117.3	113.5
中　级　工	工时	285.6	270.1	254.2	246.0
初　级　工	工时	813.0	768.8	723.6	700.0
合　　计	工时	1274.4	1205.0	1134.2	1097.3
混　凝　土	m³	102.00	102.00	102.00	102.00
脱　模　剂	kg	77.41	61.78	56.24	50.15
垫　　木	m³	0.37	0.35	0.32	0.30
铁　　件	kg	12.12	12.12	12.12	12.12
其他材料费	%	5	5	5	5
复合式管片模具	台时	63.09	49.86	43.26	38.54
管片蒸汽养护及输送系统	台时	10.40	7.74	7.65	7.14
内燃叉车　14t	台时	7.05	6.59	6.18	5.71
桥式起重机　双梁 15t	台时	7.05	6.59	6.18	5.71
桥式起重机　双梁 20t	台时	7.05	6.59	6.18	5.71
汽车起重机　16t	台时	6.15	6.13	5.88	5.43
载重汽车　15t	台时	13.69	13.25	12.68	12.04
电动葫芦　5t	台时	29.46	28.37	27.54	26.83
工业锅炉　6t	台时	12.50	12.16	11.48	11.14
胶带输送机　固定式	组时	9.37	9.12	8.80	8.47
其他机械费	%	5	5	5	5
混凝土拌制	m³	102	102	102	102
编　　号		GT278	GT279	GT280	GT281

注:胶带输送机为混凝土运输机械。

（2）管片钢筋制作及安装

适用范围:掘进机掘进,钢筋混凝土管片预制。

工作内容:回直、除锈、切断、弯制、焊接、绑扎、就近堆放。

单位:t

项　　　　目	单位	数　　量
工　　　长	工时	1.3
高　级　工	工时	3.9
中　级　工	工时	18.1
初　级　工	工时	28.4
合　　　计	工时	51.7
钢　　　筋	t	1.03
电　焊　条	kg	7.43
铁　　　丝	kg	8.08
其他材料费	%	1
钢筋调直机　4～14kW	台时	0.90
钢筋切断机　7kW	台时	1.80
钢筋弯曲机　Φ6～40mm	台时	1.80
电　焊　机　直流30kW	台时	8.53
对　焊　机　电弧型150kVA	台时	0.32
风　砂　枪	台时	1.92
电动葫芦　3t	台时	2.17
汽车起重机　10t	台时	0.13
载重汽车　5t	台时	0.26
内燃叉车　6t	台时	0.26
胶　轮　车	台时	1.02
其他机械费	%	2
编　　　号		GT282

(3)搅拌站拌制混凝土

适用范围:预制钢筋混凝土管片搅拌站拌制混凝土。

工作内容:进料、加水、加外加剂、拌和、出料。

单位:100m³

项　　　目	单位	搅拌站容量(m³)	
		50	60
工　　　长	工时		
高　级　工	工时		
中　级　工	工时	3.2	2.7
初　级　工	工时	12.7	10.6
合　　　计	工时	15.9	13.3
零星材料费	%	5	5
搅　拌　站	台时	3.14	2.62
骨　料　系　统	组时	3.14	2.62
水　泥　系　统	组时	3.14	2.62
编　　　号		GT283	GT284

T-3-2　管片止水

适用范围:混凝土管片止水。

工作内容:管片止水槽表面清理;涂刷黏结剂,粘贴止水条等。

单位:100m

项　　目	单位	数　　量
工　　长	工时	5.6
高　级　工	工时	11.2
中　级　工	工时	22.5
初　级　工	工时	16.8
合　　计	工时	56.1
止　水　条	m	106.05
氯丁黏结剂	kg	4.95
其他材料费	%	2
编　　号		GT285

T-3-3　管片嵌缝

适用范围:混凝土管片嵌缝。

工作内容:管片嵌缝槽表面处理、配料、嵌缝;管片缺陷修补等。

单位:100m

项　　　目	单位	数　　　量
工　　　长	工时	9.2
高　级　工	工时	18.3
中　级　工	工时	36.7
初　级　工	工时	27.5
合　　　计	工时	91.7
双组份聚硫密封胶	kg	95.45
环氧树脂　E44	kg	4.28
固　化　剂　T31	kg	1.28
增　韧　剂　650号	kg	1.28
稀　释　剂　501号	kg	0.86
耦　联　剂　南大2号	kg	0.08
石　英　粉	kg	34.25
铸　石　粉	kg	42.80
其他材料费	%	2
编　　　号	—	GT286

水利工程隧洞掘进机施工机械台时费定额

说　明

一、本定额适用于水利建筑安装工程。内容包括:敞开式岩石掘进机、双护盾岩石掘进机、刀盘式土压平衡盾构机、刀盘式泥水平衡盾构机、混凝土机械、运输机械、钻孔灌浆机械等,共115个子目。

二、本定额以台时为计量单位。

三、定额一、二类费用组成,各类费用的定义及取费原则与水利部水总[2002]116号文颁布的《水利工程施工机械台时费定额》相同。

四、TBM设备台时费定额包括的设备有:主机、主机辅助设备、后配套拖车,以及液压系统、照明系统、电系统、除尘系统、监视系统、导向系统、机上通风和出渣系统、供排水设备等辅助系统。

TBM设备台时费定额不包括的设备有:

双护盾TBM:混凝土管片安装吊运系统设备、豆砾石喷射系统设备、豆砾石灌浆系统设备等。

敞开式TBM:锚杆钻机、混凝土喷射系统设备、钢筋网安装器、钢拱安装器等。

五、混凝土搅拌站台时费定额已包括骨料和水泥的上料设备和水泥储存罐。

六、管片蒸汽养护及输送系统台时费定额包括管片蒸汽养护设备、管片输送设备、真空吸盘和管片翻转机等养护及输送系统的全部设备。

七、管片吊运安装系统台时费定额不包括TBM本体以外的吊装、运输设备。

八、混凝土喷射系统台时费定额包括混凝土输送泵、喷混凝土机械手、混凝土搅拌机等设备。

九、豆砾石喷射系统台时费定额包括豆砾石泵、专用漏斗、豆砾石传送带、喷嘴及橡胶管路等。灌浆系统包括混合器、储浆设备、搅拌机和灌浆泵等。

十、盾构设备台时费定额包括的设备有:主机、主机辅助设备、后方台车以及润滑和密封装置、照明系统、电系统、测量系统等辅助系统;不包括混凝土管片安装吊运系统设备、灌浆设备和出渣运输设备等。

十一、胶带输送机定额的耗电量是输送仰角按 6°以内拟定的,仰角每增加 3°耗电量乘 1. 18 系数。10km 胶带输送机定额是按两台 5km 胶带输送机组合拟定的,并考虑共用硫化设备和拉紧装置等设备。

项　目		单位	双护盾 TBM			
			直　径　（m）			
			4	5	6	7
（一）	折　旧　费	元	3003.10	3754.29	4505.65	5631.84
	修理及替换设备费	元	1442.52	1803.35	2164.25	2705.20
	安装拆卸费	元				
	小　　计	元	4445.62	5557.64	6669.90	8337.04
（二）	人　　工	工时	8.0	8.0	8.0	8.0
	汽　　油	kg				
	柴　　油	kg				
	电	kW·h	1068.4	1335.5	1602.5	1869.6
	风	m³				
	水	m³				
	煤	kg				
备　　注						
编　　号			PT001	PT002	PT003	PT004

双护盾 TBM			敞开式 TBM		
直 径 （m）					
8	9	10	4	5	6
6509.16	7323.56	8138.12	2960.44	3700.97	4441.66
3126.60	3517.77	3909.02	1412.77	1766.15	2119.61
9635.76	10841.33	12047.14	4373.21	5467.12	6561.27
8.0	8.0	8.0	8.0	8.0	8.0
2136.7	2670.9	2938.0	986.2	1232.7	1479.3
PT005	PT006	PT007	PT008	PT009	PT010

项　目		单位	敞开式 TBM			
			直　径　（m）			
			7	8	9	10
（一）	折　旧　费	元	5182.52	6530.72	7270.01	8078.63
	修理及替换设备费	元	2473.15	3116.70	3469.30	3855.16
	安 装 拆 卸 费	元				
	小　　计	元	7655.67	9647.42	10739.31	11933.79
（二）	人　　工	工时	8.0	8.0	8.0	8.0
	汽　　油	kg				
	柴　　油	kg				
	电	kW·h	1725.8	1972.4	2465.4	2712.0
	风	m³				
	水	m³				
	煤	kg				
备　　注						
编　　号			PT011	PT012	PT013	PT014

轴流通风机

设备功率(kW)

2×75	2×110	2×160	2×200	2×250	2×280	2×315
39.05	42.88	50.39	60.31	72.43	75.43	86.45
20.89	23.17	27.23	32.58	39.13	40.75	46.71
4.58	5.08	5.97	7.14	8.58	8.93	10.24
64.52	71.13	83.59	100.03	120.14	125.11	143.40
1.3	1.3	1.3	1.3	1.3	1.3	1.3
111.3	163.2	237.4	296.8	371.0	415.5	467.5
PT015	PT016	PT017	PT018	PT019	PT020	PT021

项　　目		单位	混凝土搅拌站		管片蒸汽养护及输送系统		
			生产能力（m³/h）		隧洞开挖直径（m）		
			50	60	4～6	6～8	8～10
（一）	折　旧　费	元	39.79	55.91	232.76	271.56	349.18
	修理及替换设备费	元	30.29	42.55	149.12	173.97	223.70
	安装拆卸费	元			7.20	8.40	10.80
	小　　计	元	70.08	98.46	389.08	453.93	583.68
（二）	人　　工	工时	5.0	5.0	5.0	5.0	5.0
	汽　　油	kg					
	柴　　油	kg					
	电	kW·h	88.1	104.6	25.6	29.9	38.5
	风	m³					
	水	m³					
	煤	kg					
备　　注			※	※			
编　　号			PT022	PT023	PT024	PT025	PT026

TBM 管片吊运安装系统			内燃机车			
隧洞开挖直径(m)			功　率（kW）			
4~6	6~8	8~10	88	132	176	220
332.65	347.11	390.50	103.66	118.46	124.38	142.13
70.93	74.01	83.26	64.10	73.25	76.91	87.89
403.58	421.12	473.76	167.76	191.71	201.29	230.02
2.0	2.0	2.0	2.4	2.4	2.4	2.4
			7.8	11.6	15.5	19.4
44.0	61.6	79.2				
PT027	PT028	PT029	PT030	PT031	PT032	PT033

项　目		单位	翻车机			豆砾石运输车	
			功率(kW)			容积(m³)	
			15	20	30	6	8
（一）	折　旧　费	元	101.35	119.23	131.14	5.08	5.59
	修理及替换设备费	元	62.67	73.73	81.10	2.54	2.80
	安装拆卸费	元					
	小　　计	元	164.02	192.96	212.24	7.62	8.39
（二）	人　　工	工时	2.0	2.0	2.0		
	汽　　油	kg					
	柴　　油	kg					
	电	kW·h	12.0	16.0	23.9		
	风	m³					
	水	m³					
	煤	kg					
备　　注							
编　　号			PT034	PT035	PT036	PT037	PT038

矿 车			混凝土管片运输车			水泥罐车	
容积(m³)			载重量(t)			载重量(t)	
10	15	20	5	10	15	4	6
3.95	5.14	5.93	2.88	3.39	4.40	4.52	5.65
1.98	2.57	2.96	1.44	1.69	2.20	2.26	2.82
5.93	7.71	8.89	4.32	5.08	6.60	6.78	8.47
PT039	PT040	PT041	PT042	PT043	PT044	PT045	PT046

项　　目		单位	胶带输送机				
			带宽×带长(mm×km)				
			800×0.5	1000×0.5	1200×0.5	800×1	1000×1
（一）	折　旧　费	元	177.85	184.33	194.70	245.57	256.15
	修理及替换设备费	元	146.79	152.14	160.70	202.79	211.52
	安装拆卸费	元	12.84	13.31	14.06	17.74	18.51
	小　　计	元	337.48	349.78	369.46	466.10	486.18
（二）	人　　工	工时	1.3	1.3	1.3	1.3	1.3
	汽　　油	kg					
	柴　　油	kg					
	电	kW·h	64.3	76.0	87.7	92.1	102.3
	风	m³					
	水	m³					
	煤	kg					
备　　注							
编　　号			PT047	PT048	PT049	PT050	PT051

胶带输送机

带宽 × 带长(mm × km)

1200 × 1	800 × 5	1000 × 5	1200 × 5	800 × 10	1000 × 10	1200 × 10
274.50	889.25	931.80	1026.25	1400.98	1475.39	1642.91
226.66	734.71	769.80	847.70	1157.99	1219.35	1357.49
19.83	64.29	67.36	74.17	101.32	106.69	118.78
520.99	1688.25	1768.96	1948.12	2660.29	2801.43	3119.18
1.3	2.4	2.4	2.4	2.4	2.4	2.4
116.9	210.4	245.5	280.6	315.7	368.3	420.9
PT052	PT053	PT054	PT055	PT056	PT057	PT058

项　　目		单位	内燃叉车				
			起重量(t)				
			7.0	8.0	10.0	14.0	16.0
（一）	折　旧　费	元	17.39	23.09	25.43	64.74	72.04
	修理及替换设备费	元	20.22	26.85	29.57	75.28	83.77
	安装拆卸费	元					
	小　　计	元	37.61	49.94	55.00	140.02	155.81
（二）	人　　工	工时	1.3	1.3	1.3	1.3	1.3
	汽　　油	kg					
	柴　　油	kg	5.6	5.7	6.1	8.1	8.6
	电	kW·h					
	风	m³					
	水	m³					
	煤	kg					
备　　注							
编　　号			PT059	PT060	PT061	PT062	PT063

锚杆钻机	混凝土喷射系统	豆砾石喷射及灌浆系统		钢筋网安装器	
	生产能力（m³）	豆砾石喷射系统	灌浆系统	隧洞开挖直径（m）	
	2.0			4~6	6~8
268.27	390.92	95.34	25.11	23.33	35.55
69.43	154.07	58.71	15.46	12.00	18.28
337.70	544.99	154.05	40.57	35.33	53.83
1.3	2.0	2.0	2.0	2.0	2.0
59.4	24.3	27.0	5.0	14.8	18.6
PT064	PT065	PT066	PT067	PT068	PT069

项　　目		单位	钢筋网安装器	钢拱安装器		
			隧洞开挖直径(m)			
			8～10	4～6	6～8	8～10
（一）	折　旧　费	元	44.43	28.84	43.95	54.94
	修理及替换设备费	元	22.85	14.83	22.60	28.25
	安装拆卸费	元				
	小　　计	元	67.28	43.67	66.55	83.19
（二）	人　　工	工时	2.0	2.0	2.0	2.0
	汽　　油	kg				
	柴　　油	kg				
	电	kW·h	22.3	29.7	33.4	37.1
	风	m³				
	水	m³				
	煤	kg				
备　　注						
编　　号			PT070	PT071	PT072	PT073

龙门式起重机			盾构管片吊运安装系统	轨轮式混凝土搅拌输送车		
起重量(t)				容量(m³)		
80	150	250		4.0	6.0	8.0
94.28	146.08	185.11	289.26	12.88	14.54	17.87
27.38	42.42	53.75	61.68	12.35	13.94	17.13
3.92	6.08	7.70		1.61	1.82	2.23
125.58	194.58	246.56	350.94	26.84	30.30	37.23
2.4	2.4	2.4	2.0	1.3	1.3	1.3
62.4	87.2	122.5	37.1	5.1	7.5	10.2
PT074	PT075	PT076	PT077	PT078	PT079	PT080

项　　目	单位	电瓶机车		刀盘式土压平衡盾构掘进机	
		重量(t)		直径(m)	
		12	18	4	5
（一）折　旧　费	元	26.45	33.49	1979.45	2474.32
修理及替换设备费	元	17.67	22.37	1028.01	1285.01
安装拆卸费	元				
小　　计	元	44.12	55.86	3007.46	3759.33
（二）人　　工	工时	1.3	1.3	6.7	6.7
汽　　油	kg				
柴　　油	kg				
电	kW·h	15.8	28.7	208.6	326.0
风	m³				
水	m³				
煤	kg				
备　　注					
编　　号		PT081	PT082	PT083	PT084

刀盘式土压平衡盾构掘进机

直　径　（m）

6	7	8	9	10	11
2969.18	3464.05	3958.91	4453.77	4948.64	5443.50
1542.02	1799.02	2056.02	2313.03	2570.03	2827.03
4511.20	5263.07	6014.93	6766.80	7518.67	8270.53
6.7	6.7	6.7	6.7	6.7	6.7
469.4	638.9	834.5	1056.2	1303.9	1577.8
PT085	PT086	PT087	PT088	PT089	PT090

项　目		单位	刀盘式泥水平衡盾构掘进机			
			直　径（m）			
			4	5	6	7
（一）	折　旧　费	元	2561.65	3202.06	3842.47	4482.88
	修理及替换设备费	元	1184.90	1481.13	1777.35	2073.58
	安　装拆卸费	元				
	小　　　计	元	3746.55	4683.19	5619.82	6556.46
（二）	人　　工	工时	6.7	6.7	6.7	6.7
	汽　　油	kg				
	柴　　油	kg				
	电	kW·h	219.1	342.3	492.9	670.9
	风	m³				
	水	m³				
	煤	kg				
备　　注						
编　　号			PT091	PT092	PT093	PT094

刀盘式泥水平衡盾构掘进机				复合式管片模具(环)			
直 径 （m）				隧洞开挖直径(m)			
8	9	10	11	4	5	6	7
5123.29	5763.71	6404.12	7044.53	49.99	67.76	78.44	92.45
2369.80	2666.03	2962.25	3258.48	12.86	17.43	20.17	23.77
7493.09	8429.74	9366.37	10303.01	62.85	85.19	98.61	116.22
6.7	6.7	6.7	6.7	1.0	1.0	1.0	1.0
876.2	1109.0	1369.1	1656.7	21.7	31.6	43.4	50.6
PT095	PT096	PT097	PT098	PT099	PT100	PT101	PT102

项　目		单位	复合式管片模具(环)				盾构同步注浆系统
			隧洞开挖直径(m)				
			8	9	10	11	
（一）	折　旧　费	元	141.08	176.48	197.44	224.27	267.79
	修理及替换设备费	元	36.28	45.39	50.77	57.68	59.39
	安装拆卸费	元					
	小　　计	元	177.36	221.87	248.21	281.95	327.18
（二）	人　　工	工时	1.0	1.0	1.0	1.0	2.7
	汽　　油	kg					
	柴　　油	kg					
	电	kW·h	84.6	122.0	135.6	149.2	8.6
	风	m³					
	水	m³					
	煤	kg					
备　　注							
编　　号			PT103	PT104	PT105	PT106	PT107

排　泥　泵

功　率（kW）

110	132	160	185	200	215	230	250
41.56	49.87	60.45	69.90	75.57	81.23	86.90	94.46
17.84	21.41	25.95	30.00	32.44	34.87	37.30	40.54
59.40	71.28	86.40	99.90	108.01	116.10	124.20	135.00
1.3	1.3	1.3	1.3	1.3	1.3	1.3	1.3
85.6	102.7	124.5	144.0	155.6	167.3	179.0	194.6
PT108	PT109	PT110	PT111	PT112	PT113	PT114	PT115